ro
ro
ro

Christoph Drösser, geboren 1958, ist Redakteur im Ressort Wissen der Wochenzeitung *DIE ZEIT*, für die er 1997 die Kolumne «Stimmt's?» ins Leben rief. 2005 wurde Drösser vom *Medium-Magazin* zum «Wissenschaftsjournalisten des Jahres» gekürt. Neben den insgesamt sechs «Stimmt's?»-Büchern hat Drösser bei rororo die weiteren Bestseller «Der Mathematikverführer», «Der Physikverführer» und «Der Musikverführer» veröffentlicht. Zusammen mit Jörg Kachelmann schrieb er «Das Lexikon der Wetterirrtümer».

Marcus Weimer, geboren 1963, studierte an der Fachhochschule für Gestaltung in Hamburg. Als **Rattelschneck** arbeitet er gemeinsam mit **Olav Westphalen** unter anderem für *Titanic*, *DIE ZEIT*, *Süddeutsche Zeitung*, *FAZ* und fürs Fernsehen. Er illustrierte alle bislang erschienenen «Stimmt's?»-Bände.

Christoph Drösser

Stimmt's?

Moderne Legenden im Test – Folge 1

Mit Illustrationen von Rattelschneck

Rowohlt Taschenbuch Verlag

rororo science
Lektorat Jens Petersen

Überarbeitete Neuausgabe
Veröffentlicht im Rowohlt Taschenbuch Verlag,
Reinbek bei Hamburg, Mai 2011

Umschlaggestaltung ZERO, Werbeagentur, München
(Abbildung: istockphoto / thinkstockphotos.de)
Satz Minion PostScript, QuarkXPress 3.32
Gesamtherstellung CPI – Clausen & Bosse, Leck
Printed in Germany
ISBN 978 3 499 62750 7

Inhalt

Vorwort zur Neuauflage

Dieses Buch enthält die ersten Folgen meiner «Stimmt's?»-Kolumne, erschienen zwischen 1997 und 1999. Die Kolumne erscheint immer noch, steuert auf die Folge 750 zu. Aber natürlich sind unter den ersten Fragen viele «Klassiker», nach denen sich meine Leser auch heute noch erkundigen.

Sind die Antworten darauf noch gültig? In fast allen Fällen kann ich das mit einem kräftigen «Ja!» beantworten. Die Wissenschaft unterliegt nicht allzu vielen Moden, und eine solide Antwort ist meist auch nach zehn Jahren noch korrekt. In einigen Folgen habe ich die Professoren, die mir damals geantwortet haben, mit dem Prädikat «emeritiert» versehen, und einige sind auch leider nicht mehr unter uns. Umso schöner ist es, dass sie in diesem Buch verewigt sind mit Antworten auf Fragen, die viele Menschen beschäftigen.

In zwei Fällen habe ich bei der Durchsicht meine damalige Antwort geändert: Im Fall des Gläser-Zersingens hat es ein überzeugendes Experiment in der Fernsehserie «Mythbusters» gegeben, bei dem tatsächlich ein Glas zu Bruch ging. Ebenfalls in Fernsehexperimenten wurde die Hypothese, dass das Trinken von alkoholischen Getränken mit dem Strohhalm besonders betrunken macht, widerlegt.

Ansonsten aber gebe ich in diesem Buch vielleicht keine ewigen Antworten auf die großen Fragen der Menschheit, aber eine recht solide Aufklärung bezüglich einiger Mythen. Dass ich insbesondere die falschen Vorstellungen ein für alle Mal ausrotten würde – diese Hoffnung habe ich natürlich längst aufgegeben.

Hamburg, im Februar 2011

Vorwort

Am Anfang war das Internet: Als ich im Jahr 1993 begann, mich in die Weiten des Cyberspace vorzutasten, stieß ich auch auf die Fülle der sogenannten Newsgroups, in denen sich die Netzbewohner über Fragen und Probleme aller Art austauschen. Zwei von diesen etwa zehntausend Gruppen heißen alt.folklore.urban und alt. folklore.science, und in ihnen geht es um *urban legends* – jene mit «urbane Legenden» nur unzureichend übersetzten Gerüchte und Anekdoten, von denen jeder schon einmal gehört hat, deren Wahrheitsgehalt aber höchst zweifelhaft ist. Dazu gehören etwa die Geschichten von der Spinne in der Yuccapalme oder dem im Solarium erblindeten Säugling. Aber auch angebliche wissenschaftliche Tatsachen wie die Auswirkungen der Corioliskraft auf den Badewannenstrudel.

Was mich an den Diskussionen in diesen Newsgroups von Anfang an faszinierte: Hier ging es nicht darum, die Geschichten weiterzuverbreiten, wozu sich das Internet vorzüglich eignet. Die Diskussionsteilnehmer verwandten große Akribie darauf, den Wahrheitsgehalt dieser angeblichen Tatsachen ein für alle Mal zu klären. Als Beleg sollten vor allem wissenschaftliche Publikationen gelten.

Mein Interesse war geweckt. Ich schlug der *ZEIT* vor, eine Serie über wissenschaftliche Legenden zu schreiben. Einige Anregungen konnte ich aus dem Internet entnehmen, aber bald schon musste ich auf eigene Faust weiterforschen. Die Serie, die ab Juni 1997 in der *ZEIT* veröffentlicht wurde, war auf etwa zehn bis zwölf Folgen angelegt. Dann würde mir der Stoff ausgehen, dachte ich. Das war ein Irrtum: Inzwischen sind über Hunderte «Stimmt's?»-Folgen erschienen, und ein Ende ist vorerst nicht abzusehen.

Was ist eine ideale «Stimmt's»-Frage? Eine einfache Weisheit, von der fast jeder schon einmal gehört hat, die aber selbst Professoren des einschlägigen Fachgebiets ins Grübeln bringen kann.

Denn das habe ich bei meinen Recherchen schnell festgestellt: Mit den einfachsten Fragen beschäftigt sich die Wissenschaft erstaunlich selten – zum Beispiel damit, warum es nützt, auf den Boden eines Konservenglases zu schlagen, bevor man es öffnet (Seite 10).

Auch wenn ich den Anspruch habe, die Fragen eindeutig, fundiert und möglichst für alle Zeiten zu beantworten – Menschen sind fehlbar, und auch die Antworten der Wissenschaft sind stets vorläufig. Ich habe viele Anregungen von Lesern bekommen, die in dieses Buch eingegangen sind. Manchmal haben mich die Leser verbessern müssen (etwa bei meiner zu einfachen Darstellung des Stoffwechsels von Pflanzen, Seite 15), manchmal haben sie interessantes Hintergrundmaterial hinzugefügt. Und einmal musste ich auch aus einem «Stimmt nicht» ein «Stimmt» machen: bei der Geschichte vom Löffel in der Sektflasche (Seite 55).

Dieses Buch und meine Kolumne leben davon, dass ich die Arbeiten anderer Menschen ausschlachte. Das sind Informationen aus dem Internet, aus anderen Büchern, von Leserinnen und Lesern. Ich habe mich bei allen Quellen bemüht, sie so weit wie möglich zurückzuverfolgen – wenn also in einem Buch eine wissenschaftliche Arbeit erwähnt wird, habe ich versucht, sie ausfindig zu machen. Denn auch Buchautoren schreiben gern voneinander ab und können so zur Verbreitung von Legenden beitragen.

Ich habe an dieser Stelle vielen zu danken: den Betreibern des Urban Legends Archive im Internet (www.urbanlegends.com), das der Ausgangspunkt vieler Recherchen war. Den vielen in diesem Buch nicht namentlich genannten Leserinnen und Lesern, die durch ihre Fragen und ihre Kommentare die Fortführung des «Stimmt's?»-Projekts garantieren. Und Regine Kux bei der *ZEIT*, die einen großen Teil ihrer Arbeitszeit mit dem Abtragen des «Stimmt's?»-Postberges zubringt.

Hamburg, im August 1998
Christoph Drösser

Konservengläser lassen sich leichter öffnen, wenn man kräftig gegen den Boden schlägt

Stimmt. Allerdings haben die befragten Experten gleich drei Erklärungen dafür, wie man das Vakuum aus dem Glas «herausbekommt».

Doch zunächst eine Warnung. «Auf gar keinen Fall dürfen Sie mit der bloßen Hand kräftig gegen den Boden schlagen!», erboste sich mein Leser Eckart Sturm, ein Arzt aus Oldenburg. «Denn wenn dabei das Glas zerspringt, dann führt das zu Verletzungen der Hohlhand, die wegen der dort verlaufenden Sehnen trotz kompetenter Wundversorgung bleibende Funktionsstörungen hinterlassen können.» Dr. Sturms Rat: Immer ein Handtuch oder einen Topflappen dazwischenlegen!

Aber wieso funktioniert nun der Trick? Erklärung Nummer eins: Die Gummidichtung des Deckels, etwa von einer Saftflasche, klebt am Rand des Glases fest. Durch den Ruck wird diese Verklebung gelöst, sodass der Deckel leichter abzudrehen ist. Das ist die Version von Tile Isensee von der Firma Schmalbach-Lubeca, Hersteller der «Wide Cap»-Drehverschlüsse. Einige Leser haben diese Erklärung noch dadurch präzisiert, dass zunächst im Füllgut Dampfblasen, Kavitationen genannt, entstehen, die dann wieder zusammenfallen und einen sogenannten Druckstoß erzeugen (hörbar als zweiter Knall nach dem Draufschlagen).

Erklärung Nummer zwei: Das Füllgut im umgedrehten Glas drückt beim Draufschlagen den Deckel nach außen, sodass Luft eindringen kann und das Vakuum zumindest teilweise aufhebt. Dadurch lastet weniger Druck von außen auf dem Deckel, und er lässt sich leichter öffnen. So erklärt es Ulrich Nehring, dessen privates Institut als Speerspitze der konserventechnischen Forschung in Deutschland gilt. Der gleichen Meinung ist Thomas Carstensen vom Deckelhersteller Pano.

Erklärung Nummer drei stammt von Burkhard Lingenberg, der beim Glashersteller Gerresheimer arbeitet. Bei seiner Version wird durch den Schlag Sauerstoff frei, der zum Beispiel im Orangensaft gelöst ist. Dadurch wird der Unterdruck im Glas geringer, und der Deckel geht leichter auf. Das sei ein ähnliches Phänomen wie beim Schütteln von Mineralwasser- oder Sektflaschen – auch dabei steigt der Innendruck im Gefäß an.

Die beiden letzten Erklärungen unterscheiden sich in einem wesentlichen Punkt: Bei Version zwei dringt von außen Luft ins Glas, bei Version drei nicht. Laut Lingenberg ist der Prozess auch wieder umkehrbar, sofern man das Glas nach dem Schlag nicht öffnet: So wie sich eine geschüttelte Sektflasche wieder beruhigt, kann sich auch das Vakuum im Konservenglas wiederherstellen. Wenn dagegen tatsächlich Luft eindringt, ist das Vakuum zumindest reduziert, und es besteht sogar die Gefahr, dass der Inhalt verdirbt. So soll es früher manchmal schon Probleme gegeben haben, wenn eine Palette mit Konservengläsern ein wenig unsanft vom Gabelstapler abgestellt wurde, berichtet Carstensen – ein Risiko, dem man heute begegnet, indem man ein höheres Vakuum im Glas erzeugt.

Fazit: Alle Experten sind sich einig, dass der Trick funktioniert, aber ihre Erklärungen widersprechen sich erheblich. Die Wissenschaft ist gefordert!

Wer ein alkoholisches Getränk mit einem Strohhalm trinkt, wird schneller betrunken

Stimmt nicht. In der ersten Auflage dieses Buches habe ich die Frage mit «Stimmt» beantwortet. Inzwischen haben aber viele Wissensmagazine im Fernsehen den entsprechenden Test gemacht, und generell waren die Strohhalmtrinker nicht betrunkener als die, die aus einem Glas getrunken haben.

Schauen wir uns die Argumente im Einzelnen an: Unter den Ernährungswissenschaftlern gilt die Professorin Christiane Bode von der Universität Hohenheim als ausgewiesene Expertin für die Wirkung von Alkohol auf den menschlichen Körper. Sie glaubt, dass man tatsächlich mit Strohhalm schneller betrunken wird, und hat auch gleich zwei wissenschaftliche Erklärungen dafür parat. Faktor eins: Durch den Strohhalm wird das Getränk in kleineren Mengen durch den Mund befördert, die Mundschleimhaut wird besser «bespült», ein größerer Teil des Alkohols kann schon im Mund resorbiert werden und ohne den zeitraubenden Umweg über den Verdauungstrakt ins Blut gelangen (eine ähnliche Wirkung könnte man also durch Gurgeln erzielen). Die Folge: Der Rausch tritt schneller ein.

Was ist von diesem Argument zu halten? Es stimmt prinzipiell – aber man muss sich die Größenordnungen klarmachen: Die Mundschleimhaut hat eine Oberfläche von 200 Quadratzentimetern. Die Magenschleimhaut ist zehnmal so groß, und der Dünndarm schließlich hat eine Fläche von etwa 100 Quadratmetern. Das ist das 5000-Fache der Mundschleimhaut! Der Anteil des Alkohols, der vom Mund aufgenommen wird, ist verschwindend klein – mit und ohne Strohhalm.

Faktor zwei: Im Magen findet ein geheimnisvoller, «präsystemische Elimination» genannter Vorgang statt. Das heißt, dort wird durch ein Enzym namens Alkoholdehydrogenase (ADH) ein gewisser Anteil des Alkohols direkt abgebaut, ohne den Umweg über Blutkreislauf und Leber zu gehen.

Wenn aber schon im Mund Alkohol resorbiert worden ist, kann weniger durch diese präsystemische Elimination unschädlich gemacht werden. Es gelangt also insgesamt mehr Sprit ins Blut, der Rausch ist stärker.

Es stimmt zwar tatsächlich, dass schon im Magen ein wenig Alkohol abgebaut wird, aber auch hier gilt: Der weitaus größte Teil wird später zerlegt, vor allem in der Leber.

Fazit also: Beide Effekte mögen theoretisch wirksam sein, aber praktisch haben sie kaum Auswirkungen.

Blumen im Krankenzimmer werden nachts auf den Flur gestellt, weil sie den Sauerstoff aus der Luft entfernen

Stimmt nicht. Allerdings ist die Antwort komplizierter, als ich zunächst gedacht hatte. In der ursprünglichen «Stimmt's?»-Kolumne hatte ich geschrieben: «Blumen sind Pflanzen und ‹atmen› nicht wie Tiere und Menschen, die dabei bekanntlich Sauerstoff in Kohlendioxid umwandeln. Das Gegenteil ist richtig: Pflanzen wandeln mittels Fotosynthese sogar Kohlendioxid in Sauerstoff um – was erklärt, warum wir die Atemluft unseres Planeten nicht schon längst aufgebraucht haben.»

So hatte ich leichtsinnig mein biologisches Schulwissen aus den Tiefen des Gedächtnisses zitiert. Eine Flut von Leserprotesten war die Folge. Denn erstens nützt die Fotosynthese den Blumen nachts herzlich wenig, weil sie nur bei Licht funktioniert. Und zweitens atmen Blumen sehr wohl: Um aus Traubenzucker lebenswichtige Energie zu gewinnen, wandeln sie ihn in Kohlendioxid und Wasser um. Dazu benötigen sie Sauerstoff aus der Luft.

Dieser Sauerstoffverbrauch der Pflanzen ist allerdings praktisch zu vernachlässigen. Nach Berechnungen eines Lesers, Carsten Richter aus Berlin, verbrauchen selbst hundert Zimmerpflanzen weniger Sauerstoff «als beispielsweise der friedlich neben uns schlummernde Ehepartner». Die Antwort «Stimmt nicht» bleibt also trotzdem richtig.

Gibt es andere Gefahren, die von Blumen ausgehen könnten? Muss sich der Patient vor Parasiten fürchten? Tatsächlich sind Topfpflanzen in Kliniken meist verboten, weil sich auf ihnen und in der Erde allerlei Pilzsporen und Ungeziefer tummeln können, wie jeder Blumenfreund weiß. Unsere modernen Schnittblumen aber kommen meist aus fast keimfreien Gewächshäusern, in denen sich wohl kaum lebensbedrohliches Kleingetier aufhält.

Der amerikanische Arzt Arthur B. King hat 1996 für das *Guthrie Journal*, eine medizinische Fachzeitschrift, einen Artikel zum Thema «Blumen in Krankenhäusern» verfasst. Der einzige Einwand gegen das Zusammenleben von krankem Menschen und gesunder Pflanze, den King nicht sofort hinwegfegt, ist das Vorkommen des Bakteriums *Pseudomonas aeruginosa*, das der Entdeckung eines Forscherkollegen zufolge gern auf Blumen siedelt. Allerdings, so erläutert King, hätten schon «klarere Köpfe erkannt, dass dieses

Bakterium in einer symbiotischen Beziehung mit dem Menschen lebt, seit es sich aus dem Urschlamm erhob, und dass seine Gegenwart auf natürlichen Blüten die Existenz des Menschen auf diesem Globus nicht ernsthaft gefährdet hat».

Es gibt also kaum hygienische Gründe, die nahelegen, nachts die Blumen aus dem Krankenzimmer zu entfernen, es sei denn, Patienten litten unter einem extrem schwachen Immunsystem wie etwa bei einer Chemotherapie. Es handelt sich also eher um einen alten Brauch, eine fürsorgliche Geste der Schwestern. Und in Zeiten knapperer Personalausstattung der Kliniken sind fürsorgliche Gesten im Aussterben begriffen: Eine völlig nichtrepräsentative Umfrage bei Hamburger Krankenhäusern ergab, dass in drei von vier Fällen die Schwestern diesen Dienst nur noch auf ausdrücklichen Wunsch der Patienten anbieten, etwa wenn die Blumen stark duften.

Für den Menschen hat der Brauch also keinen unmittelbaren Nutzen. Für die Blumen schon: Auf dem Flur ist es kälter als im Zimmer, und folglich halten sich die Pflanzen länger.

Der Mensch sollte pro Tag eine warme Mahlzeit zu sich nehmen

Stimmt nicht. Es ist völlig wurst, ob Sie Ihr Essen kalt oder warm zu sich nehmen, solange Sie dem Körper die richtigen Nährstoffe in der richtigen Mischung zuführen. Erhitzen schadet sogar: Das Kochen zerstört viele Vitamine etwa im Gemüse, sodass viele Nahrungsmittel roh gesünder sind als gekocht.

Im Maßstab der Evolution betrachtet, ist das Kochen sowieso eine sehr junge Mode. Bevor sie mit Feuer umgehen konnten, haben unsere keulenschwingenden Vorfahren, denen wir biologisch ja weitgehend gleichen, auch meist kalte Snacks zu sich genommen.

Der Sinn der Regel ist ein anderer: Viele Lebensmittel, die wir in gekochten Mahlzeiten zu uns nehmen, können wir im Rohzustand gar nicht essen. Sie enthalten Inhaltsstoffe, die wir nicht verdauen können – etwa das Eiweiß in rohen Kartoffeln. Rohe Bohnen enthalten sogar Stoffe, die für uns giftig sind. Bei Fleisch kommt noch der hygienische Aspekt hinzu: Es wird durch Kochen oder Braten haltbarer, weil auf diese Weise Keime abgetötet werden. Darüber hinaus enthalten die klassischen warmen Mahlzeiten, die viele von uns täglich zu sich nehmen, meist eine sinnvolle Mischung aus Eiweiß, Kohlenhydraten, Fett und Vitaminen. Und im Winter kann eine warme Mahlzeit auch den Körper wärmen.

Schließlich: Vieles schmeckt in warmem Zustand einfach besser.

Wer destilliertes Wasser trinkt, stirbt daran

Stimmt nicht. Wohl trifft es zu, dass destilliertes Wasser keine Salze enthält, aber dass deshalb jeder, der es trinkt, ein Opfer der Osmose wird, ist eine Legende. Und die lautet wie folgt: Die Körperzellen versuchen den Konzentrationsunterschied auszugleichen, pumpen sich immer weiter mit Flüssigkeit voll, bis sie schließlich platzen und der Wassertrinker jämmerlich zugrunde geht.

Zum Glück ist der Körper nicht ganz so empfindlich. Den größten Teil der Salze und Mineralien nimmt er ohnehin über die feste

Nahrung auf. Schon im Magen wird Festes und Flüssiges vermengt, und es tritt noch die körpereigene Säure hinzu, sodass keine Zelle mit völlig salzfreiem Wasser in Berührung kommt.

Der beste Beweis gegen die angebliche Todesgefahr sind Menschen, die seit Jahren destilliertes Wasser trinken und putzmunter durchs Leben gehen. Es gibt sogar eine Bewegung, die Aqua destillata als gesundheitsförderndes Heilwasser propagiert.

Im Internet warb der Münsteraner Rolf Heckemann unter dem Motto «Test the Dest» für den Selbstversuch. Destilliertes Wasser, so will er herausgefunden haben, fördere die Nierentätigkeit (man muss mehr pinkeln), verhindere Sodbrennen und beschere dem Genießer ganz neue Geschmackserlebnisse, wenn man Kaffee oder Tee damit koche. Außerdem entferne die Destillation alle Schadstoffe aus dem Trinkwasser.

Ernährungswissenschaftler stehen solchen Thesen eher skeptisch gegenüber. Ulrich Schlemmer von der Bundesforschungsanstalt für Ernährung akzeptiert allenfalls die Verwendung für Tee oder Kaffee, weil weiches (also kalziumarmes) Wasser tatsächlich den Geschmack verbessere. Außerdem enthielten Teeblätter und Kaffeebohnen Salze, die sich im Wasser lösen. Warum aber den ganzen Aufwand treiben, wenn das, was aus deutschen Wasserhähnen fließt, «nach wissenschaftlichen Erkenntnissen unbedenklich» sei?

Jedenfalls hält es der Physiologe für groben Unfug, die Ernährung auf destilliertes Wasser umzustellen. Wenn auch keine Lebensgefahr bestehe, so entziehe das Destillat den Zellen doch Natrium- und Kaliumionen und könne so auf die Dauer den Elektrolythaushalt des Körpers durcheinanderbringen.

Sein Fazit: «Es gibt keinen Grund, das zu trinken. Warnen Sie Ihre Leser davor!» Was hiermit geschehen ist.

Lesen bei schwacher Beleuchtung schädigt die Augen

Stimmt. Auch wenn die meisten medizinischen Ratgeber nicht von einer Schädigung ausgehen. Dort steht, die Warnung unserer Mütter und Väter («Kind, lies doch nicht bei diesem Schummerlicht, du verdirbst dir ja die Augen!») sei unberechtigt. Zwar könne Lesen bei schlechter Beleuchtung zu Augenbrennen, Ermüdung und Kopfschmerzen führen – eine dauerhafte Schädigung der Augen sei jedoch ausgeschlossen. Nur eine Überdosis Licht könne gefährlich sein, zu wenig Licht niemals.

Aber hat das jemals jemand überprüft? Und wie überprüft man das? Man kann natürlich Fehlsichtige reiferen Alters befragen, ob sie in ihrer Kindheit viel mit der Taschenlampe unter der Bettdecke gelesen haben – sehr objektiv ist das allerdings nicht. Privatdozent Frank Schaeffel, Professor für Neuroophthalmologie an der Tübinger Uniklinik, ging einen anderen Weg: Er stellte Versuche mit Hühnern an. Die können bekanntlich nicht lesen, doch kann man studieren, ob ihre Augen schlechter werden, wenn sie längere Zeit in ständigem Dämmerlicht leben müssen. Und siehe da: «Geringe Helligkeit des Bildes auf der Netzhaut in Zusammenhang mit geringem Bildkontrast führen im Tiermodell des Huhns zu Kurzsichtigkeit.» Für diese Forschungen erhielt Schaeffel 1996 sogar den mit 250000 Mark dotierten Max-Planck-Forschungspreis.

Es ist also Zeit für eine Entschuldigung bei allen Eltern, über deren Alltagsweisheiten schon gespöttelt wurde. Diesmal, liebe Eltern, seid ihr im Recht! Und durch die Forschungsergebnisse, die an Schaeffels Hühnern gewonnen wurden, lässt sich vielleicht endlich auch erklären, warum so viele Intellektuelle eine Brille tragen: Sie haben als Kinder einfach zu viel unter der Bettdecke gelesen.

Manche Menschen können mit Zahnplomben Radio empfangen

Stimmt nicht. Oder sagen wir vorsichtig: Es ist theoretisch nicht ganz ausgeschlossen, aber sehr unwahrscheinlich. Immer wieder wird von Fällen berichtet, in denen Menschen zu «lebendigen Radioempfängern» geworden seien. So stand 1934 in der *New York Times* ein Artikel über einen bedauernswerten, in Brasilien lebenden Ukrainer, der sich über ständigen Radioempfang im Kopf beklagte. «In diesen harten Zeiten», so die *Times*, «in denen viele sich ein Radio wünschen, es sich aber nicht leisten können, sollte dieser Ukrainer eigentlich sehr froh sein» über sein kostenloses Empfangsgerät. Stattdessen klage er über Schlafstörungen und wünsche sich nichts sehnlicher als einen Aus-Schalter.

Auf dieser anekdotischen Ebene bewegen sich die meisten entsprechenden Berichte. Um tatsächlich Rundfunk im Kopf zu empfangen, müssten einige Bedingungen erfüllt werden, deren Zusammentreffen eine astronomisch geringe Wahrscheinlichkeit hat.

Erstens: Man braucht eine Antenne, um die elektromagnetischen Wellen zu empfangen. Körperteile oder Fremdkörper wie Zahnplomben könnten durchaus als Schwingkreise fungieren und die Energie der Strahlung aufnehmen (auch wenn Plomben dazu eigentlich ein bisschen zu klein sind). So berichtet zum Beispiel im Internet ein gewisser David Bartholomew von einem Amateurfunkertreffen, bei dem er dicht neben einem Sender stand. «Plötzlich fühlte sich einer meiner Zähne, der eine schöne Füllung hatte, so an, als würde ein Zahnarzt ohne Betäubung darin bohren.»

Zweitens: Um nicht nur die Energie der Welle zu empfangen, sondern auch das Radioprogramm, braucht man einen «Demodulator». Denn die Radiowellen schwingen ja in einer viel höheren Frequenz als der Schall, das Tonsignal ist ihnen lediglich aufmoduliert – mittels Frequenz- oder Amplitudenmodulation. Irgendwie

BARGELD SOFORT
KAUFE SCHMUCK, UHREN, ZAHNGOLD
SIE HÖREN DIE RADIO-AMALGAM-WIRTSCHAFTSNACHRICHTEN: DER ZAHNGOLDPREIS IST IM KELLER!!!
RATTELSCHNECK

müsste im Mund eine Art Diode existieren. «Sie könnte durch die Verwendung unterschiedlicher Metalle bei Zahnfüllungen mit halbleitenden Oberflächen entstehen», mutmaßt vorsichtig Professor Olaf Dössel vom Institut für Biomedizinische Technik der Uni Karlsruhe. Aber selbst wenn das der Fall wäre – das dekodierte Signal müsste über irgendeine Art von Lautsprecher wiedergegeben werden. So etwas hat man normalerweise nicht im Kopf. «Zusammengefasst: Radioempfang mit Zahnfüllungen ist so unwahrscheinlich, dass ich nicht daran glaube», sagt Dössel.

Da ist die Chance schon größer, dass durch zufällige Konstellationen von Haushaltsgeräten ein primitiver Radioempfänger entsteht. Das behauptet jedenfalls Walter von Lucadou, der in Freiburg die parapsychologische Beratungsstelle leitet. Er konnte einen Fall angeblicher «Geisterstimmen» auf elektrische Wechselwirkungen zwischen einem Topf und einer Herdplatte zurückführen. Ähnliches berichtet der *ZEIT*-Leser Klaus Hennig: «Wer im Berlin der späten fünfziger Jahre sein Radio ausschaltete, konnte die ‹Schlager der Woche› oder Neumanns ‹Insulaner› oft in der Küche weiterhören, wenn er an seinem alten Elektroherd die Backofentür öffnete. Der RIAS Berlin hatte in dieser Zeit seine Sendeleistung auf der Mittelwelle vervielfacht, die in Heizspulen, Alufolien und Stahlblechen ein einfaches Mittelwellen-Radio fand.»

Cola löst über Nacht ein Stück Fleisch auf

Stimmt nicht. Aber es passiert allerlei Ekliges, wie ein eigens für diese Kolumne durchgeführter Versuch beweist: Nach 24 Stunden in der Koffeinbrause hat sich das Stückchen Rinderfilet hellbraun gefärbt, ist sehr mürbe geworden und riecht übel. Der braune Farbstoff der Cola ist ausgefällt und schwebt in Gestalt unappetitlicher Flocken in der trüben Brühe. Auf der Oberfläche hat sich ein brauner Schaum gebildet. In den gleichzeitig angesetzten Gläsern mit Orangensaft, Mineral- und Leitungswasser ist es zu derartigen Prozessen nicht gekommen; das Fleisch ist lediglich aufgeweicht und ausgebleicht.

Um die chemischen Eigenschaften von Cola ranken sich allerlei Geschichten und Legenden. Auch wenn die exakte Zusammensetzung von den Herstellern immer noch streng geheim gehalten wird, sind die wichtigsten aktiven Substanzen doch allgemein bekannt: Kohlensäure, Phosphorsäure und Zucker. Insbesondere die Phosphorsäure kann Wundersames bewirken: Die Geschichte mit dem rostigen Nagel beispielsweise ist wahr. Der löst sich zwar nicht auf (da liegt wohl eine Verwechslung mit der Fleischlegende vor), aber er wird von der braunen Limo entrostet und erhält sogar noch einen grauen Antikorrosionsüberzug.

Der chemische Hintergrund dabei: Die Phosphorsäure zersetzt den Rost, also Eisenoxid, und bildet stattdessen eine Schicht aus Eisenphosphat ($FePO_4$). So erklärt es Jens Decker von der Universität Regensburg, der zusammen mit seinen Kollegen den Schülerwettbewerb «Chemie im Alltag» ausrichtet, bei dem die Jugendlichen auch schon einmal Nägel in Cola einlegen mussten.

Eine weitere Cola-Legende: Ein Zahn, in Cola eingelegt, löst sich über Nacht auf. Auch diese Geschichte stimmt nicht, hat aber einen wahren Kern: Tatsächlich greift die Brause den Zahnschmelz an, und wieder ist dafür die Phosphorsäure verantwortlich, die ein halbes Promille der Cola ausmacht. Das bestätigte im Jahr 1950

WER AUS UMWELTGRÜNDEN PLASTIKBECHER ABLEHNT, DER KANN AUCH EIN STÜCK FLEISCH DRÜCKEN.
COLA AUTOMAT
CLASSIC
LIGHT
CHERRY
MEAT
RATTELSCHNECK

Clive M. McCay, Professor an der renommierten Cornell University, vor einem Komitee des US-Repräsentantenhauses. Er berichtete von einem Versuch, bei dem die Zähne von Ratten, die nur Cola zu trinken bekamen, innerhalb eines halben Jahres fast vollständig verschwunden waren.

Nur warnen kann man vor einem Rezept, das auf einer angeblichen Wunderwirkung von Coke und Pepsi beruht: eine Vaginaldusche mit Cola als Verhütungsmittel «danach». Zwar stimmt es, dass das säurehaltige Getränk eine gewisse spermizide Wirkung hat (am besten wirkt die Light-Variante, wie Forscher der Harvard University herausfanden) – doch kommt sie meist zu spät, weil die Spermien auf ihrer fruchtbaren Mission schon zu weit vorgedrungen sind.

Bier auf Wein, das lass sein – Wein auf Bier, das rat ich dir

Stimmt nicht. Viele Sprüche ranken sich um die Verträglichkeit alkoholischer Getränke, und alle sind, wie der Alkohol selbst, mit Vorsicht zu genießen. Der Spruch mit dem Bier und dem Wein ist in anderen Ländern unbekannt. Im Englischen gibt es etwas Vergleichbares, allerdings lautet die Regel genau andersherum: «Beer after wine and you'll feel fine; wine after beer and you'll feel queer.» Daneben gibt es einen Spruch, der sich mit der Verträglichkeit von Bier und Schnaps beschäftigt: «Beer before liquor, never been sicker – liquor before beer, you're in the clear.» Zu Deutsch: Schnaps auf Bier führt zum Erbrechen, umgekehrt geht alles klar. Die Franzosen haben stattdessen ein Sprichwort, das sich auf das Durcheinandertrinken von Rot- und Weißwein bezieht: «Blanc sur rouge, rien ne bouge – rouge sur blanc, tout fout le camp.» Was so viel bedeutet wie: Weiß auf Rot ist gesund für den Magen, während es bei der umgekehrten Reihenfolge zur Rebellion der Innereien kommt.

Wissenschaftlich haltbar sei dies nicht, beteuert Hervé This-Benckhard, ein französischer Wissenschaftler, der durch sein Buch «Rätsel der Kochkunst – naturwissenschaftlich erklärt» bekannt geworden ist.

Auch Hans-Joachim Pieper, emeritierter Professor für Gärungstechnologie an der Universität Hohenheim («Ich bin der einzige verbeamtete Berufsalkoholiker des Landes Baden-Württemberg»), hält solche Sinnsprüche für «ziemlichen Quatsch». Er hat auch keine Bedenken dagegen, verschiedene Alkoholsorten durcheinanderzutrinken, solange es mäßig geschieht. Generell gelte: Je reiner der Alkohol, umso besser für das Wohlbefinden. Am gesündesten seien Klare wie Wodka oder Doppelkorn. Im Übrigen plädiert er ausdrücklich für den Genuss alkoholischer Getränke: «Die Leute

im Mittelalter haben schon gewusst, warum sie Wein statt Wasser getrunken haben!» Wein sei nämlich stets frei von schädlichen Keimen.

Ein weiterer emeritierter professioneller Alkoholexperte, Professor Anton Piendl vom Institut für Brauereitechnologie der TU München, glaubt ein Fünkchen Wahrheit in dem Trinkspruch entdecken zu können: Wenn man zuerst eine größere Menge Bier trinkt, das ja einen erheblich geringeren Alkoholgehalt als Wein hat, schafft man sich eine «Grundlage», ähnlich wie durch eine Mahlzeit. Dadurch trifft der höherprozentige Wein nicht auf einen nüchternen Magen, und der Alkohol gelangt langsamer in den Blutkreislauf. Dass umgekehrt Bier auf Wein immer schädlich sei, ist aber sicherlich falsch: Erfahrene Weinfreunde trinken nach einer ausgiebigen Weinprobe gern ein kühles Pils, ohne über besondere Nebenwirkungen zu klagen.

Eine eher soziale als medizinische Herkunft des Spruches vermutet *ZEIT*-Leser Henning Jürgens aus Göttingen: «Wenn Bauern am Markttag nach Abschluss der Geschäfte in die Schenke zogen, anfingen, teuren Wein zu trinken, und später aus Geldmangel auf das billige Bier umsteigen mussten, schadete es der Reputation. Wenn sie aber umgekehrt auf große Mengen Bier auch noch Wein folgen lassen konnten, war der Ruf gesichert.»

Bei Regen wird man weniger nass, wenn man schnell rennt

Stimmt. Instinktiv beginnen die meisten von uns zu rennen, wenn ein Regenschauer losbricht. Und machen damit genau das Richtige.

Das wissenschaftliche Argument, vorgetragen in der Fachzeitschrift *Weather*, lautet etwa so: Stellen Sie sich vor, Sie wären ein aufrecht gehender Ziegelstein. Dann werden im Regen hauptsächlich Ihre vordere und Ihre obere Seite nass. Wie viel die Frontpartie abkriegt, hängt nur von der zurückgelegten Entfernung ab – Sie nehmen sozusagen alle Tropfen mit, die sich in dem durchquerten Raum befinden. Wie viel Wasser Sie von oben trifft, hängt dagegen von der Zeit und damit von der Geschwindigkeit ab – je länger Sie im Regen sind, umso nasser werden Sie. Deshalb ist es sinnvoll, sich zu beeilen.

Differenzen gab es zwischen den Forschern lediglich darüber, in welchem Ausmaß man beim Rennen weniger durchnässt wird. Nachdem theoretische Überlegungen Werte zwischen 10 und 23 Prozent ergeben hatten, entschlossen sich die Amerikaner Thomas Peterson und Trevor Wallis zum Praxistest. Hinter ihrem Institut steckten sie eine 100-Meter-Strecke ab und zogen sich gleiche Sweatshirts über eine wasserdichte Plastikmontur. Ergebnis: Der sprintende Wallis bekam 40 Prozent weniger Tropfen ab als sein langsam schreitender Kollege Peterson.

Stiere «sehen rot»

Stimmt nicht. Es ist vollkommen irrelevant, welche Farbe das Tuch hat, das der Torero vor der Nase eines Bullen schwenkt. Auch ist die Behauptung falsch, dass Rinder eher auf Menschen losgehen, die einen roten Pullover tragen. Der Grund: Wie die meisten Säugetiere haben auch Rindviecher praktisch keine Farbwahrnehmung, sie sehen sozusagen «schwarz-weiß». Die rote Farbe der Tücher beim Stierkampf ist einzig und allein für die Zuschauer da.

«Das Farbsehen haben innerhalb der Säuger erst die Primaten erlernt», erläuterte mir der inzwischen verstorbene Professor Clas Naumann vom Museum Alexander Koenig in Bonn. «Deshalb benutzen sie auch sehr auffällige Farbsignale in der innerartlichen Kommunikation, einschließlich Lippenstift und Nagellack.»

Rot suggeriert dem Menschen Blut, und das erhöht den Nervenkitzel beim Stierkampf. Für den Bullen wäre auch ein blaues Tuch ein «rotes Tuch», wenn der Matador nur wild genug damit herumfuchteln würde.

Wie findet man heraus, ob Tiere Farben sehen können oder nicht? Fragen kann man sie ja nicht (beziehungsweise, wie Leser Martin Niehues anmerkt: Man kann sie zwar fragen, «nur bei der Antwort wird es schwieriger»). Einen Anhaltspunkt liefert die Anatomie: Die menschliche Netzhaut verfügt über drei Sorten von Farbrezeptoren – für Rot, Grün und Blau –, an die die drei Farbsignale, die ein moderner Fernseher ausstrahlt, perfekt angepasst sind. Die meisten anderen Säugetiere haben viel weniger von diesen «Zäpfchen» genannten Rezeptoren und folglich große Schwierigkeiten, Farben zu unterscheiden. Cecil Adams berichtet in seinem Buch «More of the Straight Dope», dass es Forschern gelungen ist, Ratten auf Farbsignale zu konditionieren – allerdings waren die Nager ziemlich begriffsstutzig und brauchten zwischen 1350 und 1750 Versuche, bis sie den Trick erlernt hatten.

Bevor wir Menschen nun allzu überheblich gegenüber unseren

Säugetierkollegen werden, sei noch erwähnt, dass andere Tierarten über ein erheblich besseres Sehvermögen verfügen als wir. In unserer optischen Ausstattung sind wir bei weitem nicht die Krone der Schöpfung. Bestimmte Krabbenarten haben sechs Sorten von Farbrezeptoren – sie fänden unser Farbfernsehen wahrscheinlich eher eintönig. Die visuellen Champions in der Natur sind die Vö-

gel. Sie haben nicht nur Rezeptoren für bis zu sieben verschiedene Grundfarben, sondern können auch mit einer bis zu achtmal feineren Auflösung sehen als wir – das ist der Grund, warum ein Raubvogel auch aus großer Höhe ein Mäuschen am Erdboden erspähen kann.

Der Mensch nutzt nur zehn Prozent seiner Gehirnkapazität

Stimmt nicht. Vor allem in esoterischen Kreisen wird diese angebliche Tatsache gern bemüht – meist verbunden mit der Aufforderung, die brachliegenden neun Zehntel des Hirns endlich in einem teuren Kursprogramm zu aktivieren. So wirbt zum Beispiel die Scientology-Organisation mit dem Porträt von Albert Einstein, dem die Aussage zugeschrieben wird. Doch soll, so heißt es in anderen Quellen, schon der amerikanische Psychologe und Philosoph William James Ende des 19. Jahrhunderts eine entsprechende Bemerkung gemacht haben, und der Anthropologin Margaret Mead wird nachgesagt, sie sei sogar der Meinung gewesen, wir benutzten lediglich sechs Prozent unseres Denkvermögens.

Beginnen wir mit Einstein: Hat er's nun gesagt oder nicht? Alice Calaprice von der Princeton University in New Jersey, die Herausgeberin der Zitatensammlung «Einstein sagt», ist schon öfter danach gefragt worden. «Ich persönlich bezweifle, dass diese Äußerung von ihm stammt», erklärt sie, «denn bestimmt hätte jemand widersprochen, und es hätte eine Diskussion gegeben. Aber natürlich wurde auch nicht jedes Wort, das je aus seinem Munde kam, aufgeschrieben.» Auch die anderen Quellen sind nicht zweifelsfrei zu belegen.

Aber selbst wenn Einstein den Satz fallengelassen hätte: Was könnte er gemeint haben? Sollte die Bemerkung «Nur zehn Prozent des Gehirns werden genutzt» wirklich eine quantitative Aussage gewesen sein, dann bieten sich mehrere Interpretationen an.

Erstens: Neunzig Prozent der Hirnzellen liegen nutzlos im Schädel herum und haben keine Funktion. Aber soweit die Wissenschaft es beurteilen kann, sind alle gesunden Zellen in irgendeiner Weise an den Prozessen im Gehirn beteiligt. Ein Indiz dafür ist,

dass beim Ausfall einer Hirnfunktion, beim Verlust eines Auges zum Beispiel, die zuständigen Neuronen zugrunde gehen. Und wenn andere Hirnregionen die Funktion der ausgefallenen Zellen übernehmen, dann scheinen sie das gewissermaßen durch «Mehrarbeit» zu bewerkstelligen und nicht durch die Aktivierung bisher womöglich nicht genutzter Neuronen.

Zweitens: Zu jedem gegebenen Zeitpunkt ist lediglich jede zehnte Gehirnzelle aktiv. Da kann man nur sagen: Gut, dass es nicht alle sind, denn das wäre gleichbedeutend mit einem epileptischen Anfall.

Überhaupt ist die Vorstellung irrig, mehr Hirnaktivität sei gleichbedeutend mit «besserem» Denken. Detlef Linke, ein mittlerweile verstorbener Hirnforscher von der Universität Bonn, wies darauf hin, dass unsere intellektuelle Leistung oft darin besteht, viele Einzelerfahrungen in einem «Superzeichen» zusammenzufassen – Abstraktion macht das Denken ökonomischer.

Linke schätzte, dass fünfzig Prozent aller Hirnfunktionen inhibitorisch sind, dass sie also die Aktivität der grauen Zellen verringern und nicht verstärken. Mehr «Flackern» im Schädel bedeutet also nicht, dass wir es mit einem klügeren Kopf zu tun haben.

Eine dritte Interpretation: Wir nutzen nur einen Bruchteil unseres Erinnerungsvermögens, könnten uns also eigentlich viel mehr Dinge merken. Aber das Gehirn hat keine «Speicherzellen» wie ein Computer. Erinnerungen sind Muster, an denen viele Zellen beteiligt sind, und die Zahl dieser Muster ist unbegrenzt. Niemand weiß, wie viel Information man dem Gedächtnis maximal eintrichtern kann.

Die Vorstellung, die Natur schaffe ein Organ wie das Gehirn, das sehr viel Energie verbraucht, und nutze dann nur ein Zehntel davon, ist für Biologen überhaupt sehr fremd. Der Anpassungsdruck der Evolution hat immer für sehr große Effektivität gesorgt. Oder, wie der kanadische Psychologe Barry Beyerstein sagt: «Wie lange würden Sie eine riesige Stromrechnung in Kauf nehmen, um zehn Zimmer in Ihrem Haus zu heizen, wenn Sie ohnehin nie die Küche verließen?»

Bleibt noch die Erklärung, dass Einstein die Äußerung, wenn sie denn von ihm stammt, metaphorisch gemeint hat: Wir alle würden gut daran tun, unseren Grips ein wenig mehr einzusetzen. Und wer wollte ihm da widersprechen?

Lemminge begehen kollektiven Selbstmord, indem sie sich ins Meer stürzen

Stimmt nicht. Der Mythos ist alt und stammt vermutlich aus Skandinavien. Richtig ist, dass die Populationen der possierlichen Nager aus der Familie der Wühlmäuse großen Schwankungen unterliegen (was seit Entdeckung der Chaostheorie niemanden mehr zu verwundern braucht). Ist die Überbevölkerung besonders groß, kommt es zu Wühlmausvölkerwanderungen. Bei diesen Massenmigrationen finden viele Tiere den Tod, doch kann keine Rede davon sein, dass die Lemminge dabei freiwillig oder instinktiv aus dem Leben scheiden.

«Aber da war doch dieser Film ...», wird mancher einwenden. In dem Disney-Film «White Wilderness» («Abenteuer in der weißen Wildnis») wird tatsächlich der angebliche Massensuizid der Lemminge dargestellt. Allerdings haben die Tierfilmer nachgeholfen, um die Legende publikumswirksam ins Bild setzen zu können.

Das behauptet jedenfalls der Journalist Brian Vallee, der 1983 für das kanadische Fernsehen dem «Making of» des Films auf den Grund ging. Nach Vallees Darstellung wurden die Szenen im kanadischen Bundesstaat Alberta gedreht, wo es gar keine Lemminge gibt. Die Filmemacher hatten die Tiere von Eskimokindern in Manitoba gekauft und dann zum Drehort geschafft. Um den Eindruck einer Massenwanderung zu erzeugen, wurden die Lemminge auf eine große, schneebedeckte Drehscheibe platziert, die dann in Rotation versetzt und aus allen möglichen Kamerawinkeln gefilmt wurde. Der Strom der Lemminge – nichts als eine «Schleife», bei der immer wieder dieselben Tiere zu sehen sind.

Und dann kommt der böse Teil der Geschichte. «Die Lemminge erreichen den tödlichen Abgrund», raunt der Filmsprecher, «dies ist ihre letzte Chance zur Umkehr. Aber sie laufen weiter, stürzen sich in die Tiefe.» Aus einer dank perfekter Tiefenschärfe phantas-

tisch anmutenden Kameraperspektive sieht der Zuschauer die Nager in die gähnende Schlucht eines Flusstales fallen, angeblich getrieben vom Todesinstinkt. Die Wirklichkeit war nach Vallees Recherchen erheblich profaner: Die Disney-Leute halfen nach, schubsten und warfen die wenig lebensmüden Lemminge in den Abgrund.

In der Schlusseinstellung sieht man die sterbenden Tiere im Wasser treiben. «Langsam schwinden die Kräfte, die Willenskraft lässt nach, und der Arktische Ozean ist übersät mit den kleinen toten Leibern.» Von wegen Arktischer Ozean, von wegen nachlassende Willenskraft: ein Massenmord an Tieren im Dienste der Illusionsfabrik Hollywood.

Kapitäne dürfen auf hoher See Trauungen durchführen

Stimmt nicht. Der Kapitän ist zwar die höchste Autorität auf einem Schiff, aber an Recht und Gesetz des Landes gebunden, unter dessen Flagge das Schiff fährt. Es gibt in allen Staaten Bestimmungen, die regeln, wer heiratswillige Paare trauen darf. In Deutschland zum Beispiel sagt Paragraph 11 des Gesetzes über die Eheschließung klipp und klar: «Eine Ehe kommt nur zustande, wenn die Eheschließung vor einem Standesbeamten stattgefunden hat.»

Ein Kapitän, der eine Trauungszeremonie durchführen wollte, müsste also gleichzeitig Standesbeamter sein. Doch von einer solchen Doppelqualifikation eines deutschen Schiffsführers hat man bislang nicht gehört. Es gibt zwar ein aus dem Jahr 1950 stammendes Gesetz über die Anerkennung sogenannter Nottrauungen, aber auch bei denen muss zwingend ein Standesbeamter anwesend sein. Und es geht dabei um wirkliche Notlagen wie lebensbedrohende Krankheiten, nicht um spontane Heiratsgelüste bei einer Butterfahrt auf der Ostsee.

Weil sich die Legende trotzdem hartnäckig hält, haben einige Länder sogar explizite Rechtsvorschriften erlassen, um den Trauungsunfug auf See zu unterbinden. Bei der U. S. Navy zum Beispiel heißt es eindeutig: «Der kommandierende Offizier darf an Bord seines Schiffes oder Flugzeuges keine Trauungszeremonie durchführen» (Code of Federal Regulations, 32 CFR 700716). Ist das Schiff im Staat New York registriert, droht dem Käpt'n bei Zuwiderhandlung sogar Gefängnis. Auch die britische Handelsmarine lässt ihre Kapitäne nicht im Unklaren über die Ungültigkeit von Hochseetrauungen.

In einem berühmt gewordenen Fall wurde freilich nachträglich eine auf See geschlossene Ehe anerkannt. In dem Verfahren Fisher gegen Fisher erklärte im Jahr 1929 das Appellationsgericht von

New York, dass die Ehe gültig sei, weil kein Gesetz ausdrücklich dagegen spreche. Dazu muss aber gesagt werden, dass in angelsächsischen Ländern oft noch das Prinzip des *common law* angewendet wird; demnach kann eine Ehe auch dann rechtmäßig geschlossen sein, wenn sie nicht durch offizielle Stellen abgesegnet wird. In diesem Falle wäre aber auch nicht der Kapitän vonnöten gewesen, es hätte auch ein einfacher Schiffsjunge getan.

Trotz der zumindest in Deutschland eindeutigen Rechtslage wollen sich immer mehr Paare auf schwankenden Planken das Jawort geben. Und deshalb haben findige Köpfe auch Möglichkeiten gefunden. Eine Zeitlang gab es tatsächlich vier Kapitäne mit Trauungsbefugnis. Sie waren vom schwedischen Staat ausdrücklich ermächtigt worden, auf dem Kreuzfahrtschiff «Nils Holgersson» Ehen zu schließen, die auch in Deutschland anerkannt wurden. Die Kapitäne waren sozusagen Standesbeamte ehrenhalber (seit 1993 ist das nicht mehr möglich, weil die Schifffahrtslinie jetzt eine rein deutsche Firma ist).

In Hamburg kann man sich auf einem Alsterschiffchen trauen lassen – von einem mitfahrenden Standesbeamten. Ansonsten gelten die Hinweisschilder, die es auf einigen Vergnügungsdampfern geben soll: «Alle vom Kapitän durchgeführten Eheschließungen haben nur für die Dauer der Reise Gültigkeit.»

WILLST DU DIESEN MANN ÜBER BORD ZU DEINEM EHEMANN NEHMEN, DANN ANTWORTE RASCH: "JA, ICH WILL!"
TRAUUNG AUF SCHWANKENDEN PLANKEN
RATTELSCHNECK

«OK» (= okay) war ursprünglich die Abkürzung für den verballhornten englischen Ausdruck «oll korrect»

Stimmt. Jedenfalls ist dies die von den meisten Anglisten als gültig anerkannte etymologische Ableitung. Sie geht auf Allen Walker Read zurück, einen angesehenen Professor der Columbia University, der sie am 19. Juli 1941 im *Saturday Review of Literature* zum ersten Mal veröffentlichte.

Reads Version der Geschichte des OK lautet so: Im Sommer 1838 kam in Boston eine seltsame Mode auf, die sich im folgenden Jahr auch in New York und New Orleans ausbreitete. Man benutzte bewusst Abkürzungen von absichtlich falsch geschriebenen alltäglichen Ausdrücken: «KG» für «know go» (statt «no go» – «geht nicht»), «KY» für «know yuse» (statt «no use» – «zwecklos»), «NS» for «nuff said» («enough said» – «genug gesagt») – und eben «OK» für «oll korrect» (statt «all correct»), das sich zum ersten Mal 1939 in gedruckter Form dokumentiert findet.

Wie es Moden eigen ist, verschwanden die meisten dieser Abkürzungen so schnell, wie sie aufgekommen waren. Allein das OK hat sich bis zum heutigen Tag erhalten.

Read hat dafür folgende Erklärung: 1840 wollte der amerikanische Präsident Martin Van Buren für eine zweite Amtszeit wiedergewählt werden. Der Spitzname des Demokraten war Old Kinderhook (nach seinem Geburtsort Kinderhook im Staat New York). Van Burens Team gründete den OK Club und gab der Abkürzung damit eine doppelte Bedeutung. Die politischen Gegner griffen das Spiel auf und hintertrieben es, indem sie dem OK neue Interpretationen unterlegten – «out of kash» («pleite») zum Beispiel oder «out of kredit» («kreditunwürdig»). Es scheint genützt zu haben: Van Buren verlor die Wahl, es gewann der Republikaner William Henry Harrison.

Allerdings gibt es auch noch alternative Erklärungen für die Herkunft der zwei Buchstaben. In seinem Buch «More of the Straight Dope» führt Cecil Adams einige von ihnen auf: das affirmative «okeh» in der Sprache der Choctaw-Indianer, «OK» als telegraphisches Signal für «open key» («empfangsbereit») oder auch als Abkürzung für O. Kendall & Sons, einen Kekshersteller, der seine Produkte mit diesen Initialen kennzeichnete.

Schließlich gibt es sogar eine Deutung, nach der «OK» deutscher Herkunft ist: Es soll die Abkürzung für «Oberkommando» sein, mit der ein deutscher General im amerikanischen Unabhängigkeitskrieg seine Dokumente stempelte.

Nach der Veröffentlichung der OK-Kolumne in der *ZEIT* bekam ich eine Menge Protestbriefe von Lesern, die selbstverständlich alle davon überzeugt waren, die richtige Erklärung für die Abkürzung liefern zu können. Gleich mehrmals tauchte die Geschichte von dem deutschstämmigen Mechaniker auf, der bei Ford in Detroit am Band stand und ohne dessen Namenskürzel als Nachweis für die bestandene letzte Kontrolle kein Wagen das Werk verlassen durfte. Sein Name lautet einmal Otto Krüger, dann wiederum Otto Kaiser, Otto Klein oder Otto Krause. Ebenfalls als Zeichen deutscher Wertarbeit galten nach einer anderen Deutung die Initialen von Oskar Keller, der in Mittelamerika Kartoffeln züchtete.

Dass jede Nation solche Legenden gern auf ihre Weise interpretiert, zeigte die Zuschrift einer offenbar griechischstämmigen Leserin. Demnach steht OK für «ola kala», griechisch für «alles gut». «Als die Amerikaner eine gemeinsame Sprache wählen mussten», heißt es weiter in dem Brief, «hatten sie die Wahl zwischen Englisch und Griechisch, wobei die griechische Sprache mit einer Stimme Unterschied nicht gewählt wurde.» Damit schafft sie eine elegante Überleitung zu einer anderen, ebenfalls unwahren Legende, die uns auf den nächsten drei Seiten beschäftigen wird – freilich in der deutschen Version.

Also belassen wir es lieber bei der Erklärung, dass die Amerikaner den Ausdruck selbst erfunden haben, OK?

Deutsch wäre um ein Haar offizielle Sprache der Vereinigten Staaten von Amerika geworden, es unterlag bei der Abstimmung mit nur einer Stimme Unterschied

Stimmt nicht. Auch wenn es immer wieder behauptet wird, zum Beispiel von der bekanntesten Ratgeberkolumnistin der Vereinigten Staaten, Ann Landers. Die schrieb noch am 4. November 1994 in ihrer Kummerecke: «Liebe Leser, morgen ist Wahltag. Wenn Sie nicht wählen gehen, haben Sie auch kein Recht, sich über den zu beklagen, der gewählt wird.» Und um zu belegen, dass es auf jede einzelne Stimme ankomme, führte sie einige historische Entscheidungen an, bei denen angeblich eine Stimme den Ausschlag gegeben hatte:

«1645 verschaffte eine Stimme Mehrheit Oliver Cromwell die Kontrolle über England.» (Stimmt nicht, das Parlament hatte sich bei Cromwells Machtergreifung bereits aufgelöst.) «1923 machte eine Stimme Hitler zum Führer der Nazipartei.» (Stimmt nicht, das war bereits 1921, und das Ergebnis war 553 zu 1.) Und eben auch: «1776 gab eine Stimme Mehrheit Amerika die englische Sprache anstatt der deutschen.»

Eine Flut von Leserbriefen brach über Ann Landers herein. Leser Lewiston aus Maine: «Liebe Ann Landers, ich bin kein Historiker, aber diese Geschichte in Ihrer Kolumne, dass uns eine einzige Stimme Mehrheit Englisch als offizielle Sprache bewahrt habe, ist ein Mythos, der nicht aussterben will.» Das Gerücht, führt Lewiston aus, stamme aus den dreißiger Jahren und habe den Nazipropagandisten gut in ihr Konzept gepasst.

Der dürftige wahre Kern der Geschichte: Im Jahr 1794 (nicht im Verfassungsjahr 1776) gab es eine Petition von deutschstämmigen Siedlern aus Virginia an den US-Kongress, in der gefordert wurde, dass bestimmte Bundesverordnungen ins Deutsche übersetzt und auch auf Deutsch veröffentlicht werden sollten. Diese Petition wurde an einen Ausschuss überwiesen, der sie tatsächlich mit einer Mehrheit von 42 zu 41 ablehnte.

In der historischen Forschung wird die Geschichte als die «Muhlenberg-Legende» bezeichnet – nach dem deutschstämmigen Pfarrer und Sprecher des Repräsentantenhauses Fredrick Muhlenberg, der das entscheidende Votum abgegeben haben soll. Beschrieben wird die Legende in einem Aufsatz von S. B. Heath und F. Mandabach aus dem Jahr 1983, «Language Status Decisions and the Law in the United States».

Zu Rangeleien um die offizielle Sprache ist es in den USA immer wieder gekommen, und chauvinistische Ressentiments mögen auch im Fall der deutschen Minderheit ausschlaggebend gewesen sein. Die Volksgruppen in Pennsylvania waren vielen englischstämmigen Amerikanern damals ebenso ein Dorn im Auge, wie es heute Hispanos und Asiaten sind. Selbst Benjamin Franklin äußerte sich abfällig: «Warum sollte Pennsylvania, gegründet von den Briten, zu einer Kolonie von Ausländern verkommen, die bald so zahlreich sein werden, dass sie uns germanisieren, anstatt dass wir sie anglifizieren, und die sich niemals unsere Sprache und unsere Sitten zu eigen machen werden, so wenig wie sie unser Aussehen annehmen können?»

Tatsächlich gibt es bis heute keine offizielle Sprache der USA, Englisch ist einfach der De-facto-Standard. Einige Bundesstaaten haben entsprechende Gesetze, und es gibt auch Initiativen, einen entsprechenden Passus als Ergänzung in die Bundesverfassung aufzunehmen.

Ann Landers hat sich selbstverständlich für ihren Irrtum entschuldigt. Sie schreibt: «Als die frühe amerikanische Geschichte in der Schule durchgenommen wurde, war ich wohl gerade zum Mittagessen.»

MIR KANN KEINER WIDERSTEHEN!
ANTRAG
DEUTSCH SOLL
OFFIZIELLE SPRACHE DER USA WERDEN!
RATTELSCHNECK

Vom Nasswerden oder Frieren bekommt man eine Erkältung

Stimmt nicht. Die vielleicht hartnäckigsten Mythen sind jene, die unsere Mütter uns überliefert haben. «Kind, zieh dich warm an, du holst dir ja den Tod!» Nach dem Schwimmen mit nassen Haaren in die Kälte hinauszugehen gilt als die sicherste Methode, sich eine Erkältung einzufangen, oder?

Der direkte Auslöser einer Erkältung ist stets ein Virus. Kein Virus, kein Schnupfen! Deshalb erkälten sich zum Beispiel Forscher in Polarstationen eher selten; im Polareis ist es selbst für Viren zu kalt. Bleibt die These, dass Kälte und Nässe irgendwie «die Abwehrkräfte schwächen» und den Körper für Infektionen anfälliger machen.

Was sagt die Wissenschaft dazu? Ein kleiner Querschnitt von Kommentaren aus der deutschen Hochschulmedizin: «Es gibt eine Vielzahl resistenzmindernder Faktoren. Dazu gehören zweifellos auch Kälte und Nässe mit ihrem Einfluss auf die Durchblutung» (Edgar Muschketat vom Robert-Koch-Institut). – «Unter immunologischen Gesichtspunkten muss man sagen: Kälte beeinflusst nicht das Immunsystem» (Prof. Reinhold E. Schmidt, Medizinische Hochschule Hannover). – «Unsere Mütter waren gar nicht so dumm. Die Regel ‹Den Kopf halt kühl, die Füße warm, das macht den besten Doktor arm› hat durchaus ihre Berechtigung» (Prof. Peter Mitznegg, Universitätsklinikum Berlin). – «Nein» (Prof. Claus Herberhold, Universitätsklinik Bonn, auf die Frage, ob die in der Überschrift stehende Behauptung stimmt).

Natürlich wissen wir inzwischen, dass diverse psychische Faktoren das Immunsystem beeinflussen. Wer also friert und das ganz schlimm findet, der erkältet sich vielleicht tatsächlich schneller. «Aber hat sich schon einmal jemand Gedanken gemacht, ob man sich beim Sex erkältet?», fragt Prof. Schmidt und gibt zu bedenken,

ED VON SCHLECK UND EISSTIEL AN NASE

schließlich komme man dabei häufig ins Schwitzen und kühle danach merklich ab.

In Amerika führte um 1958 ein gewisser H. F. Dowling eine Studie durch (veröffentlicht im *American Journal of Hygiene*), bei der freiwillige Schnupfenkandidaten unterschiedlichen Kältebedingungen ausgesetzt wurden. Die Infektionsrate war unter allen Bedingungen stets dieselbe. Andere amerikanische Forscher flößten 1968 Strafgefangenen den Rhinovirus direkt in die Nase ein. Auch bei diesem moralisch bedenklichen Experiment konnte kein Zusammenhang zwischen Kälte und Infektion festgestellt werden.

Und warum erkälten wir uns dann im Winter öfter als im Sommer? Zum einen ist es gar nicht sicher, dass der Schnupfen in der kalten Jahreszeit wirklich so viel häufiger auftritt – es gibt kaum aussagekräftige Statistiken. Zum anderen: Wenn es wirklich so ist, könnte es einfach daran liegen, dass wir uns im Winter öfter zusammen mit anderen Menschen in warmen, geschlossenen Räumen aufhalten – ideale Verbreitungsbedingungen für Viren.

Wenn man den ganzen Körper mit Farbe einstreicht oder mit einer anderen Substanz überzieht, erstickt man

Stimmt nicht. Die wohl berühmteste Inszenierung dieses Irrglaubens ist der James-Bond-Film «Goldfinger». In einer Szene, die damals sogar auf dem Titel des Magazins *Time* abgebildet wurde, findet 007, gespielt von Sean Connery, die Sekretärin Jill Masterson (Shirley Eaton) tot auf ihrem Bett. Ihr Boss, der böse Auric Goldfinger (Gert Fröbe), hatte die untreue Lady zur Strafe «vergoldet». James Bond erklärt uns den Tod seiner Gespielin folgendermaßen: «Die Haut konnte nicht mehr atmen. Man hat von solchen Unfällen schon bei Tänzerinnen gehört. Der Goldüberzug ist nicht gefährlich, wenn man eine bestimmte Stelle am Rücken freilässt, dann kann die Haut noch atmen.»

Die Macher des Films müssen von dieser Theorie ebenfalls überzeugt gewesen sein. Jedenfalls gingen sie sehr vorsichtig mit der Darstellerin Shirley Eaton um: Sie ist in der Szene nicht vollständig unbekleidet (wir befinden uns im Jahr 1964), und vorsichtshalber ließ man eine Fläche von etwa fünfzehn mal fünfzehn Zentimetern auf ihrem Rücken unvergoldet. Ein Ärzteteam überwachte die gesamte Aktion.

Trotzdem hält sich bis heute hartnäckig das Gerücht, die Schauspielerin sei bei den Dreharbeiten auf eben genau dieselbe Art zu Tode gekommen wie die Figur, die sie verkörperte. Was allerdings durch die Tatsache widerlegt wird, dass Shirley Eaton noch putzmunter in acht weiteren Filmen mitwirkte, bevor sie sich ins Privatleben zurückzog.

Seit den sechziger Jahren hat die Wissenschaft enorme Fortschritte gemacht. Heute wissen wir: Im Gegensatz zu niederen Tieren wie Würmern oder Schwämmen atmet der Mensch durch Mund und Nase, auch wenn manchmal immer noch Gegenteiliges

behauptet wird (etwa auf einem Aushang in einer Hamburger Sauna, in dem es hieß, wir würden sechzig Prozent des lebenswichtigen Sauerstoffs über die Haut aufnehmen). Tatsächlich beträgt der Anteil der Hautatmung lediglich ein Prozent, eine Verstopfung der Poren wäre also atemtechnisch kaum von Belang.

Das heißt freilich nicht, dass Aktionen à la Goldfinger gesundheitlich völlig unbedenklich wären: Giftige Inhaltsstoffe der Farbe könnten in den Körper gelangen, und außerdem wird durch eine Versiegelung der Haut das Schwitzen verhindert, es besteht also die Gefahr einer Überhitzung. Als Mordmethode scheidet das Verfahren jedoch definitiv aus.

Ein Löffel im Flaschenhals verhindert, dass Sekt über Nacht schal wird

Ein schallendes «Stimmt nicht» erfuhr dieses Gerücht in meiner *ZEIT*-Kolumne. Inzwischen liegen einige Indizien vor, die darauf hindeuten, dass es einen kleinen, aber immerhin messbaren Frischhalteeffekt durch den Löffel geben könnte.

Eigentlich ist das Gerücht ja recht einfach zu überprüfen – sieht man einmal von «der Unwahrscheinlichkeit ab, dass zwei halbleere Flaschen in einer relativ kleinen Region der Raumzeit zur Verfügung stehen», wie die niederländischen Forscher Geert Jan van Oldenborgh und Fernando L. J. Vos schreiben. Schließlich leere man Champagnerflaschen nacheinander, sodass immer höchstens eine angebrochene übrig bleibe.

Die beiden Physiker beschlossen 1995, die Hypothese wissenschaftlich zu testen. Da sie über keinen Forschungsetat für derartige Projekte verfügten, mussten sie ihr Experiment mit Cidre durchführen. Sie glauben aber, ihre Ergebnisse auf andere moussierende Getränke übertragen zu können. Van Oldenborgh und Vos leerten zwei Flaschen des Apfelsekts je zur Hälfte und ließen sie dann über Nacht offen im Kühlschrank stehen – eine mit Löffel, die andere ohne. Am nächsten Tag mussten zehn Freiwillige je fünf Zentiliter aus zwei Plastikbechern trinken, die mit den Ziffern 1 und 2 versehen waren. Nur die beiden Forscher wussten, welcher Cidre in welchem Becher war. Ergebnis: Die Tester konnten keinen Unterschied feststellen.

Während dieser Versuch allein auf dem subjektiven Urteil der Probanden beruhte, berichtete die lothringische Zeitung *Le Republicain Lorrain* bereits am 17. März 1987 von härteren wissenschaftlichen Untersuchungen, durchgeführt mit einem sogenannten Aphrometer, das den Kohlensäuredruck in Flüssigkeiten feststellt. Der Veranstalter dieses Tests war das Komitee für den

Wein der Champagne in Epernay – ein kompetenteres Institut ist also kaum vorstellbar.

Für diesen Versuch wurden sechs Champagnerflaschen geopfert – zwei wurden mit einem Korken verschlossen, zwei mit einem Teelöffel versehen, zwei einfach so in den Kühlschrank gestellt, nachdem je ein Glas Schampus entnommen worden war. Nach 24 Stunden wurde der Gasdruck gemessen. Ergebnis: Alle sechs Flaschen hatten Druck verloren, die verkorkten Flaschen mit Abstand am wenigsten. Zwischen den offenen Flaschen und denen mit Löffel war kein signifikanter Unterschied festzustellen.

So weit, so negativ. Dann aber hat sich die Redaktion der ARD-Quizsendung «Kopfball» noch einmal des Themas experimentell angenommen – und konnte tatsächlich einen Effekt messen. Die Fernsehmacher stellten zwei angebrochene Flaschen über Nacht in den Kühlschrank, je eine mit und ohne Löffel. Am nächsten Tag wurde durch Erhitzen aus beiden Sektflaschen die Kohlensäure komplett entfernt und deren Volumen gemessen. «In der Silberlöffelflasche war eindeutig mehr Kohlendioxid», berichtet der WDR-Redakteur Ranga Yogeshwar.

Die naheliegendste wissenschaftliche Erklärung: Die Sache funktioniert nur, wenn man die bereits warm gewordene Flasche auch tatsächlich in den Kühlschrank stellt. Der Löffel wirkt dann als ein Wärmeleiter, der die Wärme rascher aus der Flasche transportiert. So kühlt der Sekt schneller ab, und in kaltem Sekt bleibt mehr Kohlensäure gelöst. Bestätigt wird diese Theorie durch ein weiteres Ergebnis der Kölner Hobbyforscher: Nach einer Stunde im Kühlschrank war die Löffelflasche um drei Grad kälter als die andere.

Aus dieser Erklärung folgt sofort, dass der Löffel aus einem Material bestehen sollte, das die Wärme möglichst gut leitet. Plastiklöffel bringen also gar nichts, es muss schon Metall sein – und da gehört tatsächlich der oft beschworene Silberlöffel zu den besseren Leitern. Trotzdem entweicht natürlich auch aus einer belöffelten

WER HAT HIER BEHAUPTET: "EIN LÖFFEL NÜTZT GAR NICHTS"?
SEKT
RATTELSCHNECK

Flasche ständig Kohlensäure. In der Zwischenzeit sind in mehreren anderen Fernsehsendungen Experimente mit Flaschen und Löffeln durchgeführt worden, mal mit objektiven Messungen, mal mit subjektiven Verköstigungen. Die Ergebnisse waren widersprüchlich. Das legt den Schluss nahe: Wenn es einen Effekt gibt, dann ist er winzig und für praktische Zwecke zu vernachlässigen. Man sollte Sekt- und Champagnerflaschen am besten leer trinken. Wenn etwas übrig bleibt, wirkt nur ein hermetischer Verschluss wirklich blasenerhaltend, erhält die Freude am Perlwein und trägt – so die holländischen Forscher – «zur Reduzierung der CO_2-Emissionen» bei.

Die Chinesische Mauer kann man vom Mond aus mit bloßem Auge erkennen

Stimmt nicht. Das Gerücht stammt aus der Zeit der ersten Mondlandungen. Die Apollo-Astronauten, heißt es, hätten ehrfürchtig zu ihrem Heimatplaneten aufgeschaut und mit Erstaunen nicht nur Meere und Kontinente, sondern auch – als einzige vom Menschen gemachte Struktur – die Chinesische Mauer erkennen können.

Schon eine kurze Überschlagsrechnung macht die Abstrusität dieser Behauptung klar: Zwar sieht die Erdscheibe, vom Mond her betrachtet, größer aus als der Mond von der Erde her, aber sie lässt sich immer noch bequem durch eine mit dem ausgestreckten Arm gehaltene Münze abdecken. Und auf einem so kleinen Scheibchen soll man eine Mauer erkennen können, die zwar über 6000 Kilometer lang, aber nur zwölf Meter breit ist?

Das geht nicht. Und der Apollo-11-Astronaut Buzz Aldrin, der 1969 als zweiter Mensch seinen Fuß auf den Mondboden setzte, hat es auch gar nicht versucht: «Der Astronaut kann nicht nach der Chinesischen Mauer Ausschau halten, ebenso wenig wie er in der Lage ist, über den Sinn des Lebens zu philosophieren. Er ist auf seinen Job konzentriert – und der besteht darin, nicht über das Fernsehkabel zu stolpern.»

Während also der Versuch zum Scheitern verurteilt ist, menschliche Bauwerke von der 384000 Kilometer entfernten Mondoberfläche aus mit bloßem Auge zu erspähen, können die Astronauten des Space Shuttle und der Raumstation «Mir» durchaus Spuren der Zivilisation erkennen. Sie umkreisen den Globus nämlich nur in wenigen hundert Kilometer Höhe und haben dabei einen prächtigen Ausblick auf die Erdoberfläche. Dabei können sie etwa städtische Ballungsräume, Straßen und Felder ausmachen. «Wir erkennen deutlich, wie die Menschen die Oberfläche des Pla-

MEIN SOHN! APOLLO-ASTLONAUTEN MIT ELSTAUNEN VON MOND AUS CHINESISCHE MAUEL ELKENNEN KÖNNEN.
ABSTLUS.
RATTELSCHNECK

neten verändern», berichtet der Shuttle-Astronaut Jeffrey Hoffman. Und wenn das Sonnenlicht aus dem richtigen Winkel einfällt, ist auch die Große Mauer in China zu sehen.

Nachtrag: Manchmal ist die Mauer aus dem All sogar besser zu erkennen als vom Boden aus. Am 3. Mai 1996 berichtete die Zeitschrift *Science*, dass es mit Hilfe eines Radarsatelliten gelungen sei, alte Reste der Chinesischen Mauer zu entdecken, die in einer Wüstenregion von Sand verschüttet worden waren.

«Die Mauer ist in einem so verfallenen Zustand», wird der Nasa-Forscher J. J. Plaut zitiert, «dass man sie nicht finden würde, wenn man nicht wüsste, wo man zu suchen hat.»

Glas ist nicht fest, es fließt – wie alte Kirchenfenster beweisen, die unten dicker sind als oben

Stimmt nicht. Vielleicht rührt die Legende daher, dass selbst Wissenschaftler Glas manchmal als «eine Flüssigkeit» beschreiben, «die die Fähigkeit zu fließen verloren hat» – so C. Austin Angell in einem *Science*-Artikel. Aber das ist eine eher philosophische Bemerkung und hat mit den physikalischen Eigenschaften von Glas herzlich wenig zu tun.

Unsere Unterscheidung der Aggregatzustände geht auf die alten Griechen, etwa Aristoteles, zurück. Einfach, wie das Weltbild damals war, unterschied man drei Zustandsformen der Materie: fest, flüssig und gasförmig. Wasser ist ein Beispiel für eine Substanz, die (unter normalen Bedingungen) saubere «Phasenübergänge» demonstriert: Bei ganz bestimmten Temperaturen (die vom Umgebungsdruck abhängen) wechselt es seinen Aggregatzustand. Jeder Phasenübergang ist mit einer sprunghaften Veränderung der physikalischen Eigenschaften verbunden – Wasser ist entweder gefroren oder flüssig, es gibt keinen «weichen» Übergang. Das liegt daran, dass festes Wasser Kristalle bildet, und diese Struktur ist entweder vorhanden oder nicht.

Heute ist die Einteilung der Aggregatzustände ziemlich obsolet. Es gibt zu viele Stoffe, die in diese klaren Kategorien nicht hineinpassen, etwa Gele, Polymere, Flüssigkristalle, Kolloide – und eben auch Gläser. Glas bildet sich auf folgende Weise: Eine flüssige Schmelze wird immer tiefer abgekühlt, bis unter ihren Schmelzpunkt. Dann ist sie eine sogenannte unterkühlte Flüssigkeit. Die Viskosität (also die Zähigkeit) steigt immer weiter an, und schließlich erstarrt der Brei zu Glas – einem «amorphen Festkörper». Amorph deshalb, weil die Moleküle in einer zufälligen, unregelmäßigen Struktur eingefroren werden.

Es gibt weder eine definierte Temperatur, bei der dieser Übergang geschieht, noch eine sprunghafte Veränderung der Eigenschaften. Es ist, für die Physikkenner, ein «Phasenübergang zweiter Ordnung». Für den Laien reicht es, zu wissen, dass tatsächlich ein Übergang stattfindet – die Vorstellung, es sei eine «sehr, sehr langsam fließende Flüssigkeit», ist falsch.

Was heißt eigentlich flüssig? Bei Flüssigkeiten ist die Verformung proportional zur einwirkenden Kraft. Auch kleine Kräfte, etwa das eigene Gewicht, haben über große Zeiträume auch große Wirkungen. Bei Festkörpern, seien es kristalline oder amorphe, ist eine Mindestkraft erforderlich, um die Moleküle aus ihrer Ordnung zu lösen. Genau das ist bei Glas der Fall: Unterhalb einer gewissen Temperatur, die von der genauen Zusammensetzung abhängig ist und irgendwo zwischen 300 und 600 Grad Celsius liegt, zerspringt es eher, als dass sich die Moleküle frei gegeneinander verschieben.

Dass die Vorstellung vom fließenden Glas irrig ist, zeigt das Beispiel von Teleskoplinsen. Es gibt sehr große Teleskope, von denen einige schon über hundert Jahre alt sind. Wären diese auch nur um Bruchteile von Millimetern «zerflossen», so wären sie heute völlig unbrauchbar. Das ist aber nicht der Fall.

Wohl kann sich Glas elastisch verbiegen – das ist der Grund, warum die Größe von Linsenteleskopen begrenzt ist. Das Glas «hängt durch», kehrt aber bei genügender Unterstützung wieder in seine ursprüngliche Form zurück.

Warum aber sind dann viele alte Fenster tatsächlich unten dicker als oben? In dem Artikel «Antique windowpanes and the flow of supercooled liquids», erschienen 1989 im *Journal of Chemical Education*, weist Robert C. Plumb darauf hin, dass es in früheren Jahrhunderten noch nicht möglich war, so ebenmäßige Glasscheiben herzustellen wie heute. Damals wurde das Glas zunächst zu großen Flaschen geblasen und dann durch Rotation zu einer flachen Scheibe gedreht. Diese Scheiben, aus denen die

Fenster geschnitten wurden, waren oft am Rand dicker als in der Mitte. Und es ist nur logisch, dass die Glaser dann die Fensterscheibe auf das dickere Ende gestellt haben – der Stabilität wegen.

Und selbst das war nicht immer so: Auf der International Conference on Industry Education, die 1995 im englischen York abgehalten wurde, berichtete Peter Gibson von seiner langjährigen Arbeit an mittelalterlichen Glasfenstern. Im Laufe der Zeit, sagte Gibson, habe er Hunderte von Fenstern gesehen, die oben dicker gewesen seien als unten.

OB UNTEN DICKER ALS OBEN ODER OBEN DICKER ALS UNTEN – VOR GOTT SIND ALLE KIRCHEN-FENSTER GLEICH.
RATTELSCHNECK

Es gab im US-Staat Indiana einmal einen Gesetzentwurf, der den Wert von π auf 3,2 festsetzen sollte

Stimmt. Und um ein Haar wäre der Entwurf im Jahr 1897 sogar geltendes Recht geworden – allein der Umstand, dass der Staat Indiana ein Zweikammerparlament hat, konnte seine Verabschiedung verhindern.

Das abenteuerliche Unterfangen ging zurück auf den Hobby-Mathematiker Edwin J. Goodwin aus dem Landkreis Posey County. Goodwin glaubte, eine Lösung für ein uraltes mathematisches Problem gefunden zu haben: die Quadratur des Kreises – ein Ding der Unmöglichkeit, wie jeder studierte Mathematiker weiß. Er wandte sich an seinen Wahlkreisabgeordneten Taylor I. Record und bot ihm einen Deal an: Wenn der Staat Indiana seine Entdeckung zum Gesetz mache, könne die neue Wahrheit fortan in den Schulen gelehrt werden, ohne dass der Staat für diese Errungenschaft Tantiemen an Goodwin zahlen müsse.

Ein faires Angebot, meinte der Abgeordnete Record, der offenbar wirklich glaubte, man könne für mathematische Entdeckungen Tantiemen kassieren, und brachte den Gesetzentwurf am 18. Januar ins Repräsentantenhaus ein. Der Text bestand aus drei Artikeln, in denen verschiedene mathematische Behauptungen als wahr festgeschrieben wurden. In Abschnitt 2 heißt es: «Das Verhältnis von Durchmesser und Umfang [eines Kreises] ist 5/4 zu 4.»

Da π das Verhältnis von Kreisumfang und Durchmesser ist, ergibt sich für die Kreiszahl der praktische Wert von 16/5 oder 3,2 (statt des unaufhörlichen 3,1415926536…, mit dem sich die Schüler noch heute herumplagen müssen).

Der Gesetzentwurf passierte ohne Beanstandung zwei Ausschüsse des Parlaments und wurde schließlich in dritter Lesung im Repräsentantenhaus mit 67:0 Stimmen angenommen.

ICH HABE GEGEN DEN GESETZLICH FESTGELEGTEN WERT Pi VERSTOSSEN.
ICH WILL IN EINE ANDERE ZELLE VER-LEGT WERDEN.
RATTELSCHNECK

Die Zeitungen berichteten sachlich über das neue Gesetz, nur das *Indianapolis Journal* fand, dies sei «das seltsamste Gesetz», das je vom Parlament beschlossen worden sei.

Der Zufall wollte es, dass sich am Tag des großen Ereignisses ein richtiger Mathematiker ins Repräsentantenhaus verirrte. C. A. Waldo, so sein Name, bekam gerade noch mit, wie die ahnungslosen Volksvertreter ihr einstimmiges Votum abgaben. Freundlich bot man dem Fachmann Waldo an, ihn dem Entdecker Goodwin vorzustellen.

Um in Kraft zu treten, hätte das Gesetz noch vom Senat, der zweiten Kammer des Parlaments, bestätigt werden müssen. Waldo, der auf die Bekanntschaft des π-Vaters dankend verzichtete («Ich kenne schon genug Verrückte»), versuchte, die Senatoren aufzuklären. Mit Erfolg. Das Oberhaus vertagte den Entwurf in der zweiten Lesung auf unbestimmte Zeit, dem Staat Indiana blieb einiger Spott erspart.

Überlassen wir den Schlusskommentar Allan Adler, der in der Internet-Newsgroup sci.math schrieb: «Bevor wir allzu laut über die Legislative von Indiana lachen oder über den Bildungsstand im Jahr 1897, sollten wir einen Moment innehalten und darüber nachsinnen, welches Schicksal dem Gesetzentwurf beschieden wäre, würde er heute zur Volksabstimmung gestellt.»

Man kann über Nacht graue Haare bekommen

Stimmt nicht. Auch wenn in der Literatur immer wieder Fälle auftauchen, in denen ein besonders schlimmes persönliches Erlebnis dazu führt, dass jemand am nächsten Morgen mit grauem oder weißem Schopf aufwacht. Schon Grimmelshausen erzählte im «Simplicissimus» von einem Mann, dessen Haare und Bart eines Morgens grau waren, «wiewohl er den Abend als ein dreißigjähriger Mann mit schwarzen Haaren zu Bette gegangen» sei. Und in dem Gedicht «Die Füße im Feuer» von Conrad Ferdinand Meyer (1825–1898) heißt es: «Vor seinem Lager steht des Schlosses Herr – ergraut, / Dem gestern dunkelbraun sich noch gekraust das Haar.»

Solche Geschichten können nicht stimmen: Haare bestehen aus toten Zellen, ähnlich wie Fingernägel. Sind die Farbpigmente einmal drin, bleiben sie dort. Graue (also farblose) Haare können nur von der Wurzel her – also in einem allmählichen Prozess – nachwachsen.

Eine mögliche Erklärung für ein scheinbar schnelles Ergrauen: Bekanntlich übt die Psyche Einfluss auf das Immunsystem aus. Nun gibt es eine Autoimmunkrankheit mit dem Namen *Alopecia areata diffusa,* bei der die Kopfhaare ausfallen. Das kann recht schnell gehen, wenn auch wohl nicht über Nacht. Aus ungeklärten Gründen sind pigmentierte Haare anfälliger für diesen Haarausfall als graue. Auf diese Weise ändert sich das zahlenmäßige Verhältnis der Haare, und der Schopf wirkt nachher grauer – obwohl die grauen Haare schon vorher da waren.

Der Schlaf vor Mitternacht ist der gesündeste

Stimmt nicht. Die Schlafforscher konnten zwar bislang nicht erklären, wieso der Mensch schläft, dafür wissen sie aber einiges darüber, wie er schläft. So ist der Schlaf in den ersten beiden Stunden (genauer gesagt: vor der ersten REM-Phase) am tiefsten und hat die erholsamste Wirkung. Wenn man also um zehn ins Bett zu gehen pflegt, dann ist der Schlaf vor Mitternacht tatsächlich am gesündesten. Und wenn man diesen gewohnten Rhythmus durcheinanderbringt und ausnahmsweise erst um zwölf schlafen geht, dann reagiert der Körper verstört, sodass man am nächsten Morgen das Gefühl hat, genau diese zwei Stunden hätten einem gefehlt.

Ist der Körper dagegen auf einen späteren Schlafzyklus eingestellt, so liegt auch die wichtige Phase des «goldenen Schlafes» später. Unsere «innere Uhr» schert sich herzlich wenig darum, wie spät es tatsächlich ist. Gewohnheitsmäßige Nachtschwärmer müssen also keine Gesundheitsschäden befürchten – jedenfalls nicht wegen des späten Zubettgehens.

Auch für die Frage, wie viel Schlaf man braucht, gibt es keine eiserne Regel. Die individuelle Schlaflänge hängt vom Alter ab – und davon, ob man persönlich ein «Kurzschläfer» oder ein «Langschläfer» ist.

VERSUCH SOFORT ABBRECHEN, VERSUCHSPERSON IST VOR DEM KLINGELN AUFGEWACHT.
SCHLAFLABOR
RATTELSCHNECK

Es nützt etwas, durchfallende Geldstücke am Automaten zu reiben

Stimmt nicht. «Das ist alles Parapsychologie», sagt dazu Nikolaus Ganske, Geschäftsführer des Bundesverbandes der deutschen Warenautomatenaufsteller.

Das Kernstück von Zigaretten- oder Fahrscheinautomaten ist ein sogenannter Münzprüfer, der das richtige Geld vom falschen unterscheiden soll. Während die eher primitiven Varianten, etwa in Parkuhren, recht leicht zu überlisten sind, testen die modernen Geräte drei Eigenschaften der eingeworfenen Münzen: die Abmessungen, das Gewicht und den Anteil magnetisierbarer Metalle. So können sie auch ausländische Münzen aussortieren, die etwa die gleiche Größe und das gleiche Gewicht wie unsere Eurostücke haben.

Keine dieser drei Eigenschaften wird durch das Reiben der Münze verändert. Allenfalls stark verschmutzte oder rostige Münzen, die so stark verformt sind, dass sie der Automat nicht akzeptiert, kann man durch Kratzen gängig machen.

Eine nicht parapsycho-, aber logische Erklärung, warum viele Zeitgenossen schaben, liefert die Wahrscheinlichkeitsrechnung: Nehmen wir an, wir hätten eine leicht fehlerhafte Münze, die der Automat nur mit neunzigprozentiger Wahrscheinlichkeit akzeptiert. Nun fällt sie beim ersten Mal durch. Der frustrierte Mensch reibt sie am Gehäuse, wirft sie wieder ein – und in neun von zehn Fällen führt das Reiben zum Erfolg! Ein typisches Beispiel für unsere gestörte Wahrnehmung von Wahrscheinlichkeit: Weil wir gar nicht registriert haben, dass das Durchfallen beim ersten Mal relativ unwahrscheinlich war, führen wir den Erfolg auf das Reiben zurück – sehr zum Missfallen der Automatenhersteller, deren neue Geräte stets nach kurzer Zeit völlig zerkratzt sind.

ICH BIN DER MÜNZPRÜFER, UND DURCH REIBEN VERÄNDERN SIE AN DER MÜNZE GAR NICHTS, UND MIR DRÖHNEN BLOSS DIE OHREN.
KON DO MAT
RATTELSCHNECK

Haare und Fingernägel wachsen nach dem Tod weiter

Stimmt nicht. Außer wenn man besonders spitzfindig sein will (siehe unten). Das Phänomen sei ein «postmortales Artefakt», erklärt uns Markus Rothschild, Rechtsmediziner an der Freien Universität Berlin. Immer wieder gebe es Vorkommnisse dieser Art: Eine Leiche wird in der Klinik oder von einem Bestattungsunternehmen fachgerecht präpariert, wozu bei männlichen Toten auch eine Rasur gehört. Anschließend wird der Verstorbene in einem trockenen, gut gelüfteten Kellerraum gelagert. Und ein oder zwei Tage später hat er dann einen Stoppelbart, und die Angehörigen beklagen sich, der Verstorbene sei nicht richtig rasiert worden.

Tatsächlich sind in einem solchen Fall aber nicht die Haare gewachsen. In Wirklichkeit ist die Haut ausgetrocknet und eingeschrumpelt, und dadurch sind die vorher verborgenen Bartstoppeln sichtbar geworden. Bei diesem Vorgang handle es sich um eine Vorstufe der Mumifizierung, erklärt Rothschild, wie sie auch bei Toten zu beobachten sei, die lange in einer trockenen Wohnung gelegen hätten.

Von Haarwachstum kann bei Toten keine Rede sein – mit dem Tod kommen alle Lebensprozesse zu einem absoluten Stillstand. Das sollte eigentlich Basiswissen jedes Medizinstudiums sein – trotzdem glaubt die Hälfte der fortgeschrittenen Medizinstudenten, die etwa im neunten Semester in die Rechtsmedizin kommen, an die Wachstumslegende.

Hier könnte die Geschichte zu Ende sein, aber da tritt ein weiterer Berliner Wissenschaftler auf den Plan: Professor Manfred Dietel, Pathologe an der Charité. «Die Haare wachsen nach dem Tod kurze Zeit weiter», erklärt der. Denn Tod ist nicht gleich Tod: Während das Gehirn als Erstes stirbt (und der Hirntod wird heute als der «offizielle» Todeszeitpunkt angesehen), leben andere Zellen

VORHER
NACHHER
OLLiii

im Körper weiter. Bindegewebszellen, zu denen auch die haarproduzierenden gehören, können durchaus noch einige Stunden funktionieren.

Viel Haar, da sind sich die Experten einig, können diese Zellen im Todeskampf allerdings nicht mehr produzieren. «Das sehen Sie nicht», sagt uns eine dritte Stimme der Wissenschaft, der Rechtsmediziner Professor Helmut Maxeiner von der Freien Universität Berlin.

Auf jeden Fall gehören Geschichten ins Reich der Dichtung, wie sie der Schriftsteller Gabriel García Márquez in seinem Roman «Von der Liebe und anderen Dämonen» erzählt. Dort wird berichtet, wie das Grab eines Mädchens geöffnet wird, dem noch kurz vor dem Tod die Haare geschnitten worden waren. «Der Grabstein sprang beim ersten Schlag mit der Hacke in Stücke, aus der Öffnung ergoss sich, leuchtend kupferfarben, eine lebendige Haarflut.»

Schwimmen nach dem Essen kann zu Magenkrämpfen führen

Stimmt nicht. Es gibt keinerlei Verbindung zwischen Schwimmen (oder Baden) und Konvulsionen in der Magengegend. Der amerikanische Sportarzt Arthur Steinhaus hat im Jahr 1961 eine empirische Untersuchung angestellt («Evidence and Opinions Related to Swimming After Meals»), bei der er Sport- und Hobbyschwimmer nach ihren Gewohnheiten fragte. Ergebnis: Selbst Hochleistungssportler gönnen sich manchmal eine deftige Mahlzeit, bevor sie ins Becken springen, und keiner der Befragten hatte je einen Magenkrampf beim Schwimmen erlebt.

Allerdings weiß jeder aus eigener Erfahrung, dass nach dem Essen der Körper müde und träge wird. «Voller Bauch studiert nicht gern», und körperliche Anstrengung liegt dem Satten auch nicht. Die Ursache: Ein großer Teil des Blutes wird im Verdauungstrakt benötigt, die Durchblutung des restlichen Körpers und des Gehirns verschlechtert sich. Deshalb kommt kaum jemand auf die Idee, nach einem Drei-Gänge-Menü einen Marathonlauf zu absolvieren oder fünfzig Bahnen zu schwimmen.

Gisela Fischer, Professorin für Allgemeinmedizin an der Medizinischen Hochschule Hannover, warnt vor übertriebener Aktivität mit vollem Magen, weil dies, besonders bei älteren Menschen, zu einem Kreislaufkollaps führen könne.

Es ist also nicht ganz abwegig, wenn es in den Baderegeln der DLRG recht allgemein heißt: «Niemals mit vollem oder ganz leerem Magen baden!» Aber wann gilt der Magen als «voll»? Und wie lange soll man denn nun warten nach dem Essen?

Ausführlicher sind die Ratschläge des amerikanischen Roten Kreuzes, das vor nicht allzu langer Zeit noch vor Magenkrämpfen warnte. Inzwischen hat die Organisation den Fehler beseitigt und schreibt in ihren Gesundheitstipps: «Benutzen Sie Ihren gesunden

Menschenverstand, wenn es ums Schwimmen nach dem Essen geht. Im Allgemeinen müssen Sie mit dem Schwimmen nicht eine Stunde warten, nachdem Sie gegessen haben. Jedoch ist es nach ei-

ner umfangreichen Mahlzeit sinnvoll, die Verdauung in Gang kommen zu lassen, bevor man mit anstrengenden Aktivitäten wie Schwimmen beginnt.»

Gähnen ist ansteckend

Stimmt. Und die Wissenschaft vermutet, dass der Mechanismus derselbe ist wie beim Lachen, das ebenfalls auf andere überspringen kann. «Empathie» heißt die Fähigkeit des Menschen, Gefühlsregungen seiner Artgenossen nachzuempfinden. Und dass sie auf einer sehr unbewussten Ebene funktioniert, merken wir, wenn wir im Kino sitzen und über das Schicksal einer Phantasiefigur in Tränen ausbrechen – obwohl uns die Vernunft sagt, das alles sei doch nur ein Film.

«Ansteckende» Gefühlsäußerungen haben eine lange evolutionäre Tradition. Wölfe heulen im Rudel. Auch zwischen den Arten funktioniert das: Hunde entwickeln ein Gefühl für die Gefühle von Herrchen oder Frauchen und winseln, wenn es denen nicht gutgeht. Säuglinge lernen Empathie, indem sie unwillkürlich die Mimik ihrer Eltern nachahmen, Gähnen inklusive. Wenn uns jemand etwas Trauriges erzählt, schauen wir traurig. Ist der andere gut gelaunt, blicken auch wir zuversichtlich aus der Wäsche.

Dass wir den Gefühlsausdruck anderer Menschen unbewusst nachahmen, hat zunächst die Funktion, dem anderen mitzuteilen: «Ich verstehe, was du empfindest.» Wissenschaftler haben nun aber herausgefunden, dass nicht nur das Gefühl die Mimik prägt, sondern dass dies auch umgekehrt gilt: Indem wir den anderen nachahmen, beschwören wir auch die entsprechenden Emotionen in uns herauf. So erzeugt das Konservenlachen in Fernsehkomödien tatsächliche Belustigung – und das ansteckende Gähnen führt zu tatsächlicher Müdigkeit.

Und welche Funktion hat nun die Ansteckung beim Gähnen? Offenbar war es für unsere Vorfahren wichtig, dass die ganze Horde gleichzeitig zu Bett ging – schon allein damit keiner den Schlaf der anderen für üble Machenschaften ausnutzen konnte.

WENN GÄHNEN ANSTECKT...
HE! ICH HAB GENAU GESEHEN, WIE DU GEGÄHNT HAST!
SIE HAT ANGEFANGEN.
RATTELSCHNECK

Vor Eichen sollst du weichen, Buchen sollst du suchen!

Stimmt nicht. Recht hat der Volksmund damit, dass man sich bei Gewitter von Eichen fernhalten sollte, auch «Die Fichten wähl mitnichten» und «Die Weiden musst du meiden» sind korrekte Verhaltensregeln. Fatal kann es allerdings für Buchensucher ausgehen: Baum ist Baum bei Gewitter, es gibt keine Unterschiede bei der Blitzgefahr.

Das sagt jedenfalls die Schutzgemeinschaft Deutscher Wald: «Nach neuesten Erkenntnissen ist es nicht so, dass manche Baumarten tatsächlich seltener getroffen werden, sondern der Blitzschlag wird unterschiedlich sichtbar.» Die Regel sei darauf zurückzuführen, dass man Eichen die Blitzschäden mehr ansehe als Buchen: Die dicke, oft moosüberzogene Borke der Eiche sauge das Wasser wie ein Schwamm auf und werde so sehr empfänglich für die elektrische Entladung. Die glatte Buchenrinde dagegen leite den Blitz direkt in den Boden, ohne dass sichtbare Schäden entstünden. In beiden Fällen sei jedoch die Gefahr für den Schutzsuchenden gleich groß. Weitere Faktoren, die die Leitfähigkeit der Bäume beeinflussen, seien der Ölgehalt des Baumes und die Konsistenz des Waldbodens.

Empfehlung für das richtige Verhalten bei Gewitter: sich auf dem freien Feld, möglichst in einer Mulde, hinhocken und die Füße dicht beieinander lassen!

UNSER VERHALTEN BEI GEWITTER IST RICHTIG: SICH AUF FREIEM FELD, MÖGLICHST IN EINER MULDE, HINHOCKEN UND DIE FÜSSE DICHT BEIEIN-ANDER LASSEN.
NOCH DICHTER BEIEINANDER BEKOMMT MAN DIE FÜSSE, WENN MAN DIE SCHUHE AUS-ZIEHT. DADURCH ERHÖHT SICH GERINGFÜGIG DIE CHANCE, NICHT VOM BLITZ GETROFFEN ZU WERDEN.
ABER DA SOLL ER VON SELBER DRAUFKOMMEN.

Teflon ist ein Nebenprodukt der Weltraumforschung

Stimmt nicht. Die Geburtsstunde des Wunderkunststoffs schlug bereits am 6. April 1938. Roy Plunkett, der für die Chemiefirma DuPont nach neuen Kältemitteln forschte, hatte eine Flasche mit einer gasförmigen Fluorverbindung einige Tage lang auf seinem Schreibtisch stehen lassen statt wie gewöhnlich im Kühlschrank. Die Flasche enthielt kein Gas mehr, aber sie wog noch genauso viel wie vorher. Die Forscher öffneten das Ventil und fanden ein weißes Pulver vor: Polytetrafluoräthylen.

Die Wissenschaftler hatten zunächst keinen Schimmer, was man mit dem Zeug anfangen sollte, das mit keinem bekannten chemischen Stoff reagierte. Es wurde zuerst von den Vätern der Atombombe eingesetzt, die auf der Suche nach einer möglichst inerten, also reaktionsfeindlichen Substanz waren, um damit Behälter für aggressive Uranverbindungen zu überziehen. 1954 kam der Franzose Marc Gregoire auf die Idee, Pfannen mit dem abweisenden Kunststoff zu beschichten. Erst viel später fanden die Weltraumforscher eine Verwendung für Teflon: Mehrere hundert Kilo davon hatten die Apollo-Kapseln an Bord – in Form von Kabelisolierungen, Hitzeschutzkacheln und in den Fasern der Raumanzüge.

Der Chemiker Bob Gore fand schließlich heraus, dass man aus Teflon auch hauchdünne Membranen herstellen kann – mit der Eigenschaft, Wasser zurückzuhalten, aber Gase passieren zu lassen. Aus Gore-Tex werden heute nicht nur Regenjacken und -mäntel hergestellt, sondern auch künstliche Gelenke und Herzklappen.

Und wie haftet nun das reaktionsfeindliche Teflon an der Pfanne? Dieses Geheimnis wollen die Hersteller leider nicht preisgeben.

ACH DAS!
DAS SIND HITZESCHUTZKACHELN AUS TEFLON, DAMIT SIE IM TOPF NICHT ANBRENNEN.
RATTELSCHNECK

Strauße stecken bei Gefahr den Kopf in den Sand

Stimmt nicht. Strauße sind nicht so dumm wie die Menschen, auf die diese Redensart metaphorisch angewendet wird.

Lassen wir den altbewährten Tierfreund Bernhard Grzimek sprechen, der in seinem mehrbändigen Standardwerk «Grzimeks Tierleben» schreibt: «Wenn ein Strauß wegläuft, dann kann es geschehen, dass er auf einmal verschwunden ist, obwohl er noch gar nicht den Horizont erreicht hat. Geht man ihm nach, sieht man ihn mit lang ausgestrecktem Hals flach auf der Erde sitzen. Daher stammt wohl das Märchen von dem Vogel Strauß, der den Kopf in den Sand steckt und glaubt, nicht gesehen zu werden.» Vor allem halbwüchsige Strauße, berichtet der Zoologe, legten sich gern so hin. Komme man ihnen zu nahe, so würden sie jählings aufspringen und davonsausen.

Die Mär vom Straußenkopf im Sand ist nach Grzimek schon uralt: Sie stammt von den alten Arabern. Die Römer und alle späteren Bücherschreiber hätten die Geschichte ungeprüft abgekupfert. Zum Glück schreiben wir nur bei Autoritäten wie Grzimek ab!

DURCH DIE BEINE SPIELEN, SAGEN SIE !? NIMMT DER STRAUSS DANN AUTOMATISCH SEINEN KOPF AUS DEM LOCH ?
VOGELPARK WALSRODE
MINI-GOLF
Schläger- und Ball-Verleih
KASSE
ICH WEISS NICHT. NORMALERWEISE STECKT ER IHN GAR NICHT ERST REIN.
RATTELSCHNECK

Heißes Wasser gefriert schneller als kaltes Wasser

Stimmt. Sie können die Probe aufs Exempel machen, indem Sie ein Gefäß mit heißem Wasser (etwa 90 Grad Celsius) und ein identisches Gefäß mit der gleichen Menge kalten Wassers (Zimmertemperatur) bei Frost in den Garten oder im Sommer in die Tiefkühltruhe stellen: Das heiße Wasser wird schneller zu Eis als das kalte.

Der Effekt ist schon seit langem bekannt. Denker wie Aristoteles und Francis Bacon haben das scheinbar paradoxe Phänomen bereits erwähnt. Seit 1969 ist es auch unter dem Namen «Mpemba-Effekt» bekannt – benannt nach dem tansanischen Schüler Erasto Mpemba. Der musste sich allerlei Spott anhören, weil er behauptete, er könne Eiscreme schneller zubereiten, indem er die Masse erhitze, bevor sie ins Eisfach komme. Aber er hatte recht.

Die Tatsache scheint dem gesunden Menschenverstand zu widersprechen. Das heiße Wasser muss doch erst einmal auf die Temperatur des kalten abkühlen, und in der Zeit ist dieses schon wieder etwas kälter geworden! Wie kann das eine Wasser das andere beim Gefrieren überholen?

Erster Versuch einer Antwort: Verdunstung. Bis zu einem Viertel des heißen Wassers kann im Laufe des Prozesses verlorengehen – und das beschleunigt das Gefrieren gleich auf zweifache Weise. Einmal bleibt einfach weniger Wasser übrig, das gefrieren muss. Zum Zweiten verdunsten gerade die Moleküle mit der höchsten Energie, sodass die Durchschnittsenergie und damit die Temperatur des Wassers sinkt (diesen Kühleffekt nutzen wir aus, wenn wir schwitzen).

Anders gesagt: Durch die stärkere Verdunstung holt das heiße Wasser das kalte tatsächlich ein – und dann ist weniger Wasser da, das noch gefrieren muss. Das hatte sich auch Mpemba gedacht, also deckte er versuchsweise die beiden Wasserbehälter ab, um die

ICH MACHE EISWÜRFEL! DAS GEFÖHNTE WASSER WIRD WARM, UND WARMES WASSER GEFRIERT SCHNELLER.
RATTELSCHNECK

Verdunstung möglichst gering zu halten. Und siehe da: Es klappte immer noch.

Zweiter Erklärungsversuch: Im Eisfach des Kühlschranks befindet sich meist eine gewisse Eisschicht. Der Topf mit heißem Wasser bringt das Eis zunächst zum Schmelzen. Das Schmelzwasser hat aber einen sehr guten Kontakt zum Topf, sodass bei diesem eine bessere Wärmeleitung entsteht als bei dem anderen. Aber auch diese Hypothese konnte Mpemba entkräften, indem er beide Gefäße auf eine isolierende Unterlage stellte.

Erklärung Nummer drei: In warmem Wasser gibt es mehr Konvektion, was bedeutet, dass sich durch Strömungen das Wasser ständig durchmischt. Das kalte Wasser dagegen ist relativ ruhig, es bildet sich eine Eisschicht zunächst an der Oberfläche, die dann eine Art isolierenden Effekt hat.

Aber auch diese Erklärung bezweifelt der Physiker David Auerbach. Seine These (veröffentlicht in *Spektrum der Wissenschaft*, April 1996): Der Effekt hat etwas mit dem Phänomen der Unterkühlung zu tun. Die Verwandlung von Wasser in Eis ist nämlich ein sehr komplizierter Prozess. Es ist nicht etwa so, dass die Flüssigkeit beim Erreichen des Nullpunkts brav erstarrt. Tatsächlich kann das flüssige Wasser Temperaturen unter dem Gefrierpunkt erreichen. Dann erst entsteht innerhalb von Sekunden ein breiiges Eis-Wasser-Gemisch, die Temperatur springt schlagartig auf null Grad, und der Gefrierprozess setzt sich fort. Auerbach fand heraus, dass sich das ursprünglich kalte Wasser bis auf –9,5 Grad unterkühlen ließ, während das ursprünglich heiße Wasser nur –4 Grad erreichte und dann gefror. Worauf dieser geheimnisvolle Unterschied in der Unterkühlungsfähigkeit zurückzuführen ist, muss die Wissenschaft allerdings erst noch herausfinden.

Segelboote können schneller sein als der Wind

Stimmt. Und wir reden hier nicht von Wildwasser, sondern von ganz normalen Seen und Meeren mit relativ geringer Strömung. Allerdings wird der auf Nord- und Ostsee anzutreffende gewöhnliche Hobbysegler mit seiner Jolle wohl kaum jemals in den Genuss dieses Effekts kommen. Er lässt sich nur mit speziellen Hochgeschwindigkeitsseglern erreichen, etwa Katamaranen oder Trimaranen, auf denen die Segelpartie eher unkomfortabel ist.

Ganz alltäglich ist das Phänomen dagegen bei Strand- und Eisseglern, die nicht gegen den bremsenden Widerstand des Wassers anzukämpfen haben. Auf dem Eis kann ein segelgetriebenes Fahrzeug eine Geschwindigkeit von 200 Kilometern pro Stunde erreichen, auch wenn der Wind nur mit Tempo 50 bläst.

Der gesunde Menschenverstand sagt uns, dass ein Segelschiff dann am meisten Vortrieb entwickelt, wenn der Wind von hinten kommt. In diesem Fall wird das Schiff vom Wind «geschoben» und kann tatsächlich nicht schneller fahren, als der Wind weht.

Eine ganz andere Sache ist es, wenn der Wind im rechten Winkel von der Seite kommt und auf das schräg stehende Segel trifft. Dann muss man schon die hohe Schule der Aerodynamik bemühen, um die Bewegung zu erklären, und kommt zu scheinbar paradoxen Resultaten.

Weil das Segel keine ebene Fläche bildet, sondern sich wölbt, wirkt es wie die Tragfläche eines Flugzeugs. Dort entsteht ja der Auftrieb, weil die Luft über dem Flügel eine höhere Geschwindigkeit und damit einen niedrigeren Druck entwickelt als die Luft an der Flügelunterseite. Dieser Druckunterschied zweier Luftströme reicht aus, um tonnenschwere Flieger aus Stahl in der Luft zu halten. Und ganz Ähnliches passiert beim Schiffssegel: Die innen vorbeiströmende Luft ist langsamer als der äußere Luftstrom, und folglich entsteht eine Art «Auftrieb» – nur dass die resultierende Kraft nicht nach oben weist, sondern schräg nach vorn. Durch den

Kiel und den Bootskörper wird die seitliche Komponente dieser Kraft «abgefangen», sodass sich insgesamt eine Bewegung nach vorn ergibt. Diese Kraft kann erheblich größer sein als der Schub des Windes.

Wie schnell das Boot dann tatsächlich fährt, hängt natürlich

hauptsächlich von der Form des Rumpfes ab. Der geltende Geschwindigkeitsweltrekord für Segelboote wurde übrigens 1993 von der «Yellow Pages Endeavour» in Australien aufgestellt. Er liegt bei 46,52 Knoten, das sind 86,16 Kilometer pro Stunde.

Brücken können aufgrund von Resonanz einstürzen, wenn Soldaten im Gleichschritt darübermarschieren

Stimmt nicht. Jedenfalls liegt es nicht am Gleichschritt der Soldaten. Zwar ist es immer noch üblich, dass Kompanien beim Überqueren von Brücken «ohne Tritt» marschieren, jedoch gibt es keinen dokumentierten Fall, in dem eine Brücke durch die Resonanz der Tritte der marschierenden Soldaten derart in Schwingung versetzt wurde, dass sie einstürzte. Im englischen Broughton fiel am 14. April 1831 eine Hängebrücke in sich zusammen, als eine Kompanie darübermarschierte – aber das lag wohl eher am Gewicht der Soldaten.

Jeder feste Gegenstand hat eine Eigenfrequenz, in der er am liebsten schwingt, sei es eine Gitarrensaite oder eben eine Brücke. Resonanz entsteht, wenn der Gegenstand von außen in genau dieser Eigenfrequenz zum Schwingen angeregt wird. Dann kann sich die Schwingung so aufschaukeln, dass es zu katastrophalen Folgen kommt. Dazu muss aber die anregende Frequenz sehr genau der Eigenfrequenz entsprechen – und das ist im Fall der Soldaten und Brücken sehr unwahrscheinlich.

Der vielleicht berühmteste Brückeneinsturz ist der Fall der Tacoma Narrows Bridge im US-Staat Washington. Diese Hängebrücke kollabierte am 7. November 1940, nur vier Monate nach ihrer Eröffnung. Im Volksmund war die Fehlkonstruktion schon vorher «galoppierende Gertie» genannt worden, weil sie zu unkontrollierten Schwingungen neigte. Beim Einsturz schließlich flatterte sie im Wind wie ein Papiermodell, was auch in spektakulären Filmaufnahmen festgehalten wurde.

Aber wurde dieser Einsturz durch Resonanz hervorgerufen – wenn auch nicht durch im Gleichschritt marschierende Menschen? In vielen Lehrbüchern wird behauptet, periodische Verwirbelungen des über die Brücke streichenden Windes hätten genau

die Eigenfrequenz der Konstruktion gehabt und so die Schwingung immer weiter verstärkt – mit dem bekannten katastrophalen Ausgang. In Wirklichkeit war die Ursache wohl komplexer. Im Februar 1991 erschien dazu ein Artikel im *American Journal of Physics.* Die Autoren, Y. Billah und R. Scanlan, zeigen darin, dass unter den gegebenen Voraussetzungen keine periodische Anregung der Brücke stattgefunden haben kann. Vielmehr sei die Ursache eine «Eigenanregung» der Brücke gewesen.

Sollten also die Vorschriften, wie Truppen zu Fuß Brücken zu überqueren haben, gelockert werden? Wahrscheinlich sind sie wirklich unnötig. Aber man kann ja nie wissen …

Auf der Südhalbkugel der Erde dreht sich der Badewannenstrudel andersherum als auf der Nordhalbkugel – wegen der Corioliskraft

Stimmt nicht. Die Legenden über diese wundersame Auswirkung der Corioliskraft sind vielfältig. So berichtet ein Afrika-Tourist von einem geschickten Eingeborenen eines am Äquator gelegenen Dorfes, der das folgende Kunststück vorführt: Er hält eine Schüssel mit Wasser, auf dem Blätter schwimmen. Durch ein Loch am Boden fließt das Wasser ab. Stellt er sich ein paar Meter nördlich des Äquators hin, so wirbeln die Blätter in der einen Richtung, ein paar Meter südlich des Äquators dreht sich der Strudel in der anderen Richtung. Steht der Mann genau auf dem Äquator, dann fließt das Wasser strudellos ab.

Wenn die Geschichte wahr ist und nicht selber eine Legende, dann ist der Mann ein geschickter Taschenspieler, der dem Wasser durch heimliche, unmerkliche Rotationsbewegungen den jeweils richtigen Drehsinn verpasst. Um die Corioliskraft wirksam werden zu lassen und andere Störkräfte dabei auszuschalten, hätte er (nach den Berechnungen eines Lesers einer amerikanischen Wissenschaftszeitschrift) die Schüssel auf eine millionstel Bogensekunde genau (das sind 0,0000000003 Grad) waagerecht halten müssen.

Die Corioliskraft ist eine Trägheitskraft, die in allen rotierenden Systemen zum Tragen kommt, und auf der Erde wirkt sie sich tatsächlich auf Strudel aus: Sie sorgt zum Beispiel dafür, dass auf der Nordhalbkugel die Winde alle Hochdruckgebiete im Uhrzeigersinn umwehen und alle Tiefdruckgebiete gegen den Uhrzeigersinn – auf der Südhalbkugel ist es genau umgekehrt. Dass die Corioliskraft in diesem Fall in Erscheinung tritt, liegt vor allem an der großen Ausdehnung von Hoch- und Tiefdruckgebieten: Der nördliche und der südliche Rand sind einfach weit genug voneinander entfernt, um einen Trägheitsunterschied wirksam zu ma-

ICH ZIEHE DEN BADEWANNENSTÖPSEL RAUS, UND DAS WASSER FLIESST STRUDELLOS AB.
SOBALD DIE RÜSSELSPITZE FEUCHT WIRD, HEISST ES SAUGEN, SAUGEN, SAUGEN.
RATTELSCHNECK

chen. In der Badewanne dagegen übertrifft die Wirkung aller zufälligen Bewegungen, die durch die Wirbel beim Wassereinlassen (und beim Baden) entstanden sind, die der Corioliskraft um mehrere Größenordnungen. Professor John McCalpin von der University of Delaware schätzt den Faktor auf etwa 10 000. Um die Corioliskraft zu bemerken, müsste man nach Berechnungen des Mathematikers Michael Page von der australischen Monash University die Badewanne um den Faktor 500 vergrößern und das Wasser einige Tage zur Ruhe kommen lassen.

Spinat ist gesund, weil er besonders viel Eisen enthält

Stimmt nicht. Der Eisengehalt von frischem Spinat ist mit 2,6 Milligramm auf 100 Gramm eher gering. Wer bei seiner Ernährung Wert auf blutbildendes Eisen legt, der sollte sich eher an Leberwurst (5,9 mg), Schokolade (6,7 mg) und Pistazien (7,3 mg) halten.

Selbst von dem bisschen Eisen, das im Spinat tatsächlich enthalten ist, darf sich der Mensch kaum Nutzen versprechen. «Der Verdauungstrakt kann nicht viel davon aufnehmen», erklärt die amerikanische Ernährungsforscherin Judi Morrill. «Spinat enthält nämlich auch sehr viel Oxalsäure, die das Eisen bindet.»

Der Ursprung der Legende liegt in den neunziger Jahren des 19. Jahrhunderts. Damals soll der Schweizer Physiologe Gustav von Bunge den Eisengehalt von Spinat bestimmt haben – 42 Milligramm (nach anderen Quellen 35 Milligramm) pro 100 Gramm. Allerdings untersuchte von Bunge getrockneten Spinat und nicht frischen – und der enthält 90 Prozent Wasser; die Eisenkonzentration beträgt daher nur ein Zehntel.

Das wurde jedoch in der Folgezeit übersehen, und Spinat galt von da an als besonders gesund, zum Leidwesen von Millionen Kindern. Denen hat die grüne Pampe auch nach 1929 nicht besser geschmeckt. In diesem Jahr erfand der Zeichner Elzie Segar die Comicfigur Popeye, der der Genuss einer Dose Spinat immer zu übermenschlichen Kräften verhilft.

Angeblich soll der gezeichnete Seemann den Spinatkonsum in den USA um ein Drittel gesteigert haben – das behauptet jedenfalls die Inschrift auf dem Popeye-Denkmal in der texanischen Spinatmetropole Crystal City. Im Zweiten Weltkrieg, als das Fleisch selbst in Amerika knapp wurde, appellierte man auch an die erwachsenen Bürger, sich mit dem angeblich so eisenhaltigen Gemüse zu stählen. Die Amerikaner seien, hieß eine der Parolen, «strong to

finish 'cos they ate their spinach». Dabei war ausgerechnet im deutschen Feindesland bereits in den dreißiger Jahren der Messfehler berichtigt worden. «Als Eisenquelle hätte Popeye besser die Dosen verzehrt», lautet Hamblins sarkastisches Fazit.

Sind also Generationen von Kindern sinnlos dazu gezwungen worden, ihren Spinat auf dem Teller aufzuessen? Auch wenn der hohe Eisengehalt eine Legende ist: Spinat ist durchaus gesund. Er

RATTELSCHNECK

enthält zum Beispiel große Mengen der Vitamine A und C sowie Beta-Karotin, dem eine vorbeugende Wirkung gegen Krebs zugeschrieben wird. Aber bevor es Tränen gibt: Denselben Zweck erfüllen auch andere Gemüsesorten, zum Beispiel Broccoli.

Manche Sänger können mit ihrer Stimme Glas zum Zerspringen bringen

Stimmt. In der Urfassung dieses Buches habe ich die Sache ins Land der Legenden verwiesen und geschrieben: «Es ist kein dokumentierter Fall bekannt, in dem ein Mensch mit seiner Stimme ein Glas zum Zerplatzen gebracht hätte.»

Das war damals wohl auch korrekt. Es gab entsprechende Geschichten nur aus der Literatur, etwa das Beispiel des kleinen Oskar Matzerath aus Günter Grass' «Blechtrommel». Der berühmte Tenor Enrico Caruso soll angeblich die Fähigkeit besessen haben, aber seine Frau Dorothy hat das stets bestritten. Dann gibt es den Werbespot eines Tonbandherstellers, in dem mit einer Aufnahme von Ella Fitzgeralds Stimme ein Glas zerstört wird. Aber abgesehen davon, dass Werbefilmer mit der Wahrheit ja recht großzügig umzugehen pflegen – es handelt sich ja um eine Tonbandaufnahme, und die kann man über einen Verstärker ja beliebig laut aufdrehen. Aber inzwischen ist das Kunststück tatsächlich vollbracht worden: In der 31. Folge der Sendung «Mythbusters», erstmals ausgestrahlt im amerikanischen Discovery Channel am 18. Mai 2005, ließen die Experimentatoren tatsächlich Glas zerspringen. Der Trick besteht darin, die Eigenfrequenz des Glases zu bestimmen und es dann mit genau dieser Frequenz zum Schwingen anzuregen. Zunächst wurde das mit einer Stimme demonstriert, die elektronisch verstärkt war. Dann aber trat der Rocksänger Jaime Vendera auf den Plan, der angeblich über einen Stimmumfang von sechs Oktaven verfügt. 19-mal versagte er, aber beim 20. Versuch (und beim 12. Glas) machte es «klirr». Also: Nicht alles, was bisher nicht geschehen ist, ist deshalb schon unmöglich.

Die letzte Ziffer des Personalausweises gibt an, wie viele Bundesbürger denselben Vor- und Nachnamen haben wie man selbst

Stimmt nicht. Die maschinenlesbaren letzten zwei Zeilen des Personalausweises enthalten keine Informationen, die nicht auch im Klartext draufstehen – also auch nicht die Zahl der Menschen mit Ihrem Namen. Darauf haben Datenschützer bei der Einführung der neuen Identitätspapiere großen Wert gelegt.

Die Zeichenkombination entspricht einem Standard, den die internationale zivile Luftfahrtorganisation ICAO aufgestellt hat. Im Einzelnen enthält sie folgende Informationen (jetzt holen bitte alle ihren Ausweis hervor): ID (für Personalausweis), D (für Deutschland), dann den Zu- und Vornamen des Inhabers, die Nummer des Ausweises (noch einmal mit dem D), das Geburtsdatum und den Tag, an dem der Ausweis abläuft. Dazwischen stehen ein paar Häkchen als Leerzeichen. Hinter den beiden Datumsangaben und eben ganz am Schluss steht noch jeweils eine sogenannte Prüfziffer. Die wird aufgrund einer komplizierten Regel aus den davorstehenden Zahlen und Buchstaben errechnet. Solche Prüfziffern werden in der Digitaltechnik dazu verwendet, die korrekte Übertragung von Daten zu gewährleisten: Wenn das Lesegerät irgendein Zeichen falsch entziffert hat, dann stimmt in den meisten Fällen die Prüfziffer nicht mehr mit dem errechneten Wert überein, und die Maschine meldet einen Fehler. Ein angenehmer Nebeneffekt: Dieses Verfahren schützt auch vor Fälschern, die die Rechenregel nicht kennen. Wenn die sich einfach eine Ziffer ausdenken, fliegt der Schwindel sofort auf.

Männer mit Glatzen sind mit überdurchschnittlicher Potenz gesegnet

Stimmt nicht. Zwar beeinflussen die männlichen Sexualhormone wie das Testosteron den Haarwuchs, und zwar auf sehr unterschiedliche Art und Weise, je nach Körperregion: In manchen Bereichen, etwa beim Bart, unter den Achseln oder auf der Brust, fördern sie die Körperbehaarung, auf dem Kopf dagegen sind sie für das Wachstum der Haare eher hinderlich, wie die meist erblich bedingte Glatzenbildung bei Männern belegt. Dabei lagert sich das Testosteron an der Haarwurzel ab und schneidet sie allmählich von der lebenswichtigen Blutzufuhr ab.

Es ist nun aber nicht so, dass die Glatzenträger unbedingt mehr Testosteron im Blut hätten. Der Hauptgrund ist die größere Zahl der entsprechenden Rezeptoren an den Haarwurzeln. Auf diesem Mechanismus bauen übrigens auch neuartige Anti-Glatzen-Medikamente auf: Sie sollen hormonell diese Rezeptoren in ihrer verhängnisvollen Aktivität behindern.

Aber selbst wenn manche Glatzenträger tatsächlich einen höheren Testosteronspiegel haben als ihre üppig behaarten Geschlechtsgenossen: Dass die Potenz eines Mannes von der Menge des Testosterons im Blut abhänge, sei ohnehin ein Ammenmärchen, so der Androloge Wolfgang Schulze von der Hamburger Uniklinik: «Ein Auto mit 50 Liter Sprit im Tank fährt nicht schneller als eines mit 25 Litern.»

Bei Kribbeln in der Nase in helles Licht schauen bringt einen zum Niesen

Stimmt. Etwa zwanzig Prozent der Mitmenschen werden sich wundern, dass man die Frage überhaupt stellen kann – für sie gehört der «photische Niesreflex» *(photic sneeze reflex)* zu den Alltagserfahrungen. Die Veranlagung dazu ist offenbar erblich.

Über die Ursachen des Reflexes hat schon der englische Philosoph Francis Bacon nachgedacht. Er schrieb im Jahr 1635: «Gegen die Sonne zu blicken führt zum Niesen. Der Grund ist … dass Feuchtigkeit aus dem Gehirn nach unten gezogen wird. Sie bringt die Augen zum Tränen, und das zieht Wasser zu den Nasenlöchern. Und so folgt das Niesen.»

Heute wird das Phänomen eher auf elektrische Vorgänge zurückgeführt: Der Sehnerv und der mit der Nase verbundene Trigeminusnerv, so erklärt es N. Deshmukh in der medizinischen Zeitschrift *The Guthrie Journal*, kommen sich im Gehirn sehr nahe, sodass sozusagen ein «neurologischer Kurzschluss» entsteht – der Reiz im einen Nerv kann eine Entladung im anderen herbeiführen.

Gefährlich kann der Effekt für Autofahrer werden, weil der Nieser für Sekundenbruchteile die Augen schließt. Katastrophale Auswirkungen befürchten die Militärs für ihre Piloten. «Wenn man ein Flugzeug landen soll oder sich in einem Luftkampf befindet, in die Sonne schaut und dann niesen muss, dann könnte das gefährlich sein», sagt Colonel Ray Breitenbach, der den Effekt für die amerikanische Air Force studiert hat. Ein Gegenmittel haben die Militärforscher freilich noch nicht erkennen können – selbst Hightech-Sonnenbrillen helfen nicht.

Wenn man einen Regenwurm halbiert, dann leben beide Teile weiter

Stimmt nicht. Aus einem Regenwurm werden durch Zerteilung niemals zwei. Das Hauptproblem ist dabei der Kopf: Ein Wurm besteht aus bis zu 180 ringförmigen Segmenten. Wenn man davon am Kopfende bis zu vier dieser Ringe abtrennt, so regeneriert sich der Wurm vollständig. Schneidet man mehr weg, wächst der Kopf zumindest teilweise nach. Fallen dem Messer jedoch mehr als fünfzehn zum Opfer, so wächst dem verbliebenen Schwanz kein neuer Kopf – das Tier muss also verenden. Ein Wurm ohne Schwanz kann dagegen überleben, denn «das Hinterende ist in besonderem Maße zur Regeneration fähig», wie es in dem Standardwerk «Der Regenwurm *(lumbricus terrestris)*» von Peters und Waldorf heißt. Aber auch diese Fähigkeit nimmt zur Körpermitte hin ab. Ein kurzes Kopfstückchen kann daher keinen neuen Schwanz erzeugen. Was aber immerhin möglich ist: Man kann von beiden Enden ein Stück abschneiden, und die verbleibende Wurmmitte lässt beide Enden nachwachsen.

Bei niederen Würmern, etwa den Strudelwürmern, liegen die Verhältnisse anders – für sie ist die Teilung oft sogar eine Methode der Fortpflanzung. «So einen Wurm können Sie im Extremfall durch ein Sieb passieren und erhalten Hunderte neuer Würmer», erläutert Bernhard Ruthensteiner von der Zoologischen Staatssammlung in München.

Benutzt man zum Anzünden einer Zigarette eine Kerzenflamme, so ist der erste Zug zehnmal so schädlich – und zehn Seeleute müssen sterben

Stimmt nicht. Lassen wir die Sache mit den Seeleuten einmal außen vor. Was die Schädlichkeit der Kerzenflamme angeht, so kann bedenkenlos Entwarnung gegeben werden. 1994 hat eine Gruppe von Forschern den Schadstoffgehalt von Kerzen untersucht. Ergebnis: Selbst wenn dreißig Kerzen vier Stunden lang in einem Wohnraum mit fünfzig Quadratmetern brennen, sei eine gesundheitliche Belastung nicht möglich. Die Emissionen «von neun gleichzeitig brennenden Paraffin-, Bienenwachs- oder Stearinkerzen liegen um ein Vielfaches unterhalb des Wertes, den eine brennende Zigarette verursacht».

Das gilt zwar zunächst nur für die passiv eingeatmeten Verbrennungsprodukte, ist aber nach Auskunft des emeritierten Professors Otto Hutzinger von der Universität Bayreuth, eines der Autoren der Studie, auch auf das Anzünden einer Zigarette an der Kerzenflamme übertragbar.

Das Schlimmste, was der Raucher von einer Kerze zu befürchten hat, ist eine geschmackliche Beeinträchtigung: Die Kerzenflamme kann noch unvollständig verbrannte Wachspartikel enthalten, und die schmeckt man dann. Das ist aber nicht ungesund. Um es deutlich auszudrücken: Der Krebs kommt vom Tabak, nicht vom Wachs.

Der Materialwert von Ein- und Zweicentmünzen ist höher als der Nennwert

Stimmt nicht. Die Frage wurde mir noch zu DM-Zeiten von einem Leser gestellt, bei dem das Problem ganz konkret geworden war: Seine Tochter hatte große Mengen dieser Münzen gesammelt, um sich davon Brautschuhe zu kaufen. Nun wollte er wissen, ob er die Pfennigstücke mühsam rollen müsse oder ob es günstiger sei, sie einschmelzen zu lassen.

Die Antwort damals: Er werde sich wohl die Mühe machen müssen, die Münzen zu sortieren und zu rollen, um sie dann bei der Bank einzuwechseln. Beim Schrotthändler könne er jedenfalls kein Geschäft erwarten. Und diese Antwort gilt auch heute für die Euro-Cent-Münzen. Unsere Ein- und Zweicentstücke bestehen aus einem Stahlkern, der beidseitig mit einer Kupferauflage versehen ist. Die Kosten betragen jeweils etwa einen Cent – darin ist aber nicht nur der Wert des Metalls enthalten, sondern vor allem der Preis für die Herstellung.

Wie viel kann man davon wieder erlösen, wenn man nur auf den Materialwert schaut? Eine kurze Überschlagsrechnung: Ein Centstück wiegt 2,3 Gramm, allerdings sind davon nur knapp 6 Prozent Kupfer, also etwa 0,14 Gramm. Man braucht etwa 7000 Münzen, um ein Kilo Kupfer zu erhalten, also 70 Euro. Auf dem Weltmarkt ist der Kupferpreis zurzeit recht hoch, knapp 10 Dollar oder 8 Euro für ein Kilogramm – trotzdem nur ein gutes Zehntel des Nennwerts der Münzen. Für den Stahlkern ist die Rechnung noch viel ungünstiger. Und dabei ist noch nicht berücksichtigt, dass man die Münzen ja erst einmal einschmelzen und Kupfer und Stahl aufwendig voneinander trennen müsste.

Übrig gebliebene Schokoladennikoläuse werden durch neue Verpackung oder durch Umschmelzen zu Osterhasen und umgekehrt

Stimmt nicht. Niemand muss befürchten, dass sich im frischen Schoko-Osterhasen ein alter Nikolaus verbirgt. Jedenfalls weisen die Schokoladenhersteller solche Unterstellungen weit von sich. Hans Imhoff, der mittlerweile verstorbene ehemalige Chef der Firma Stollwerck, schrieb mir, dass «in einer gutgeführten Schokoladenfabrik keine Saisonartikel übrig bleiben». Der Handel müsse sehen, wie er die Ware loswerde. Das sehe man an den Sonderangeboten nach den Festtagen, außerdem werde viel Restschokolade an Wohlfahrtsorganisationen gespendet.

Bernd Schartmann von Lindt & Sprüngli bestätigte, dass eine Rücknahme «allein schon aus rechtlichen Gründen» ausscheidet. «Zudem ist leicht vorstellbar, dass unser Anspruch an Warenfrische ein solches Vorgehen nicht vertretbar macht.»

Dass es noch einen anderen Absatzweg für alte Schokofiguren gibt (und dass Warenfrische international offenbar mit zweierlei Maß gemessen wird), erfuhr ich durch eine Zuschrift von Iris Deppen aus Istanbul: «Im Dezember waren wir sehr betrübt, als wir in den Istanbuler Geschäften nur in seltenen Einzelfällen Schokoladennikoläuse vorfanden. Wie groß war jedoch unsere Freude, als ab Mitte Januar im Lebensmittelhandel plötzlich allerorten ganze Heer- bzw. Himmelsscharen von Schoko-Nikoläusen, Knickebeinkugeln und Dominosteinen auftauchten.»

Zur Legende vom Umverpacken: Es gibt tatsächlich «multifunktionale» Schokoformen, die, je nach Umwicklung, als Hase wie als Nikolaus verwendbar sind. Dabei geht es jedoch nicht um die Resteverwertung – das Aus- und Wiedereinpacken wäre viel zu aufwendig. Die Hersteller sparen lediglich Kosten dadurch, dass sie nur eine Gussform brauchen, mit der sie Naschwerk für jede Jahreszeit herstellen können.

Verschluckte Apfel- und Orangenkerne können zu einer Blinddarmentzündung führen

Stimmt nicht. Jedenfalls ist es sehr unwahrscheinlich, auch wenn sogar schon Dichter die Gefahr besungen haben:

Geräth ein Kirschkern in des Jüngsten Magen,
Wie leicht ist das Organ dadurch verletzt;
Hat er im Blinddarm gar sich festgesetzt,
Beschließt der Arzt, das Äußerste zu wagen.

So reimte schon die unbekannt gebliebene Poetin Alwine Maier im 19. Jahrhundert. Hatte sie recht?

Blinddarmentzündungen werden meist dadurch ausgelöst, dass sich im Appendix etwas festsetzt, meist sogenannte Kotsteine, Stuhlreste oder Würmer, aber auch Fremdkörper. Das können theoretisch auch Apfel- oder Orangenkerne sein – Kirschkerne sind schon zu groß für die etwa zwei bis drei Millimeter große Öffnung zwischen Darm und Wurmfortsatz. Das berichtet Professor Jakob-Robert Izbicki, Chirurg am Hamburger Universitätskrankenhaus. Aber die Gefahr ist vernachlässigbar klein, und sicherlich ist vor allem für Kleinkinder das Risiko, an den Kernen zu ersticken, größer. Professor Izbicki selbst jedenfalls isst leidenschaftlich gern Äpfel – samt Kerngehäuse.

Faules Holz leuchtet im Dunkeln

Stimmt. «Es gibt ein Verstummen, ein Vergessen alles Daseins, wo uns ist, als hätten wir alles verloren, eine Nacht unsrer Seele, wo kein Schimmer eines Sterns, wo nicht einmal ein faules Holz uns leuchtet», schrieb Friedrich Hölderlin düster im «Hyperion». Aber die Antwort auf die Frage liegt nicht im Dunkeln: Faulendes Holz kann tatsächlich leuchten.

Verantwortlich dafür ist die sogenannte Biolumineszenz. Es gibt eine ganze Reihe von Pflanzen und Tieren, die durch die Oxidation des Stoffes Luciferin leuchten können – Bakterien, Fische, Insekten wie das Glühwürmchen. Im Falle des Holzes kommt der erhellende Effekt von einem Pilz: dem Hallimasch, der zwar essbar ist, aber nicht sonderlich bekömmlich. Dieser Parasit siedelt sich gern auf Holz an – ein Befall, der für den Baum meist tödlich endet. Tatsächlich leuchtet nicht der Pilz, sondern sein Mycel, ein wurzelartiges Geflecht, das die Baumrinde durchdringt und so dem Holz den typischen grünlichen Schimmer verleiht.

Eine nicht zu verifizierende Legende besagt, dass sich im Ersten Weltkrieg Soldaten leuchtende Holzstücke an die Stahlhelme geheftet haben, um in den Schützengräben nicht zusammenzustoßen. Welchen biologischen Nutzen der Pilz aus seiner Leuchtkraft zieht, ist der Wissenschaft übrigens ein Rätsel.

Nach den Gesetzen der Aerodynamik können Hummeln nicht fliegen, doch weil sie die Gesetze nicht kennen, fliegen sie trotzdem

Stimmt nicht. Was Hummeln von den Naturgesetzen verstehen, kann ich nicht beurteilen. Der Mensch tappte jedenfalls bis vor kurzem bezüglich des Hummelflugs ziemlich im Dunkeln. «Noch vor fünf Jahren konnten Insekten nicht fliegen – gemäß den konventionellen Gesetzen der Aerodynamik», erzählt Charles Ellington von der englischen Cambridge University. Zusammen mit einigen Kollegen hat er das Phänomen untersucht und im Dezember 1996 einen bahnbrechenden Artikel in der Zeitschrift *Nature* veröffentlicht.

Die herkömmliche Aerodynamik beschäftigt sich vor allem mit Fluggeräten, wie sie der Mensch baut: mit starren oder gleichmäßig rotierenden Tragflächen. Würde eine Hummel ständig die Flügel von sich strecken, so fiele sie tatsächlich zu Boden wie ein nasser Sack.

Insekten bewegen aber ihre Flügel. Und zwar nicht einfach auf und ab, sondern in einem komplizierten, dreidimensionalen Muster, in dessen Wirkungsweise Ellingtons Team erstmals Licht gebracht hat.

Ein Flügel erzeugt den zum Fliegen nötigen Auftrieb, wenn an seiner Oberseite ein geringerer Luftdruck herrscht als an der Unterseite. Bei einer Tragfläche etwa dadurch, dass aufgrund der Form die Luft oben schneller vorbeiströmt als unten. Es gibt aber auch kompliziertere Mechanismen: etwa bei einem Papierflugzeug, das in schaukelnden Bewegungen zu Boden gleitet. Jedes Mal, wenn die Neigung der Nase einen bestimmten Winkel überschreitet, entsteht an der Kante der Papierflügel ein kleiner Luftwirbel, der den Flügel nach oben zieht. Nach kurzer Zeit reißt dieser Wirbel ab, und der Flieger sinkt wieder.

Die Forscher untersuchten das Flugverhalten von Insekten im Windkanal (wegen der größeren und langsamer schlagenden Flügel wählten sie Motten). Die anströmende Luft wurde mit Rauch versetzt, sodass mit einer Hochgeschwindigkeitskamera Fotos der Strömung gemacht werden konnten. Dasselbe untersuchten sie dann noch einmal an einem großen, selbstgebauten Modell.

Ergebnis: Insekten erzeugen offenbar ähnliche Wirbel wie Papierflugzeuge. Durch geschicktes Flügelschlagen schaffen sie es aber, diese Wirbel nicht abreißen, sondern entlang des Flügels nach außen wandern zu lassen. Beim nächsten Flügelschlag entsteht dann der nächste Wirbel. Und beim Nachrechnen kam tatsächlich heraus: Auch in der Theorie erzeugt der entdeckte Wirbel etwa anderthalbmal so viel Auftrieb, wie nötig ist, um das Insekt in der Luft zu halten. Seitdem stimmt also die Physik mit der Erfahrung überein.

Elektrische Lampen verbrauchen beim Einschalten besonders viel Strom, deshalb ist es besser, sie in einem fort brennen zu lassen

Stimmt nicht. Zumindest, wenn man den Raum für länger als zwölf Minuten verlässt (siehe unten), sollte man grundsätzlich das Licht ausschalten. Das spart Strom, und man muss auch nicht häufiger neue Birnen kaufen.

Zunächst einmal zu der Mär vom höheren Stromverbrauch: Leuchtstoffröhren und die modernen Energiesparlampen haben einen Starter, der während des Aufflackerns die fünffache Energiemenge aufnehmen kann. Weil das aber sehr schnell geht, wird dieser Zusatzverbrauch schon durch eine Sekunde «Dunkelzeit» eingespart. Auch die alten Glühbirnen (der korrekte Ausdruck lautete übrigens «Glühlampen») verbrauchen im kalten Zustand mehr Strom als im heißen – ihre Glühfäden sind ein temperaturabhängiger elektrischer Widerstand. Da das Aufheizen aber sehr schnell geht, ist auch dieser Zusatzverbrauch vernachlässigbar.

Die Lebensdauer einer Birne oder Röhre sinkt tatsächlich durch häufiges Ein- und Ausschalten. Professor Volker Staben von der Fachhochschule Flensburg erklärt das mit der sogenannten Elektromigration: «Atome im Faden werden durch die sich bei Stromfluss bewegenden Elektronen quasi mitgerissen, sodass der Faden an einigen Stellen dünner wird.» Diese Stellen werden dann immer mehr beansprucht und dadurch noch dünner, bis sie schließlich reißen – gern beim Einschalten, weil in dem Moment der Stromfluss am größten ist.

Wie wägt man nun den Verschleiß durchs Ein- und Ausschalten gegen den Stromverbrauch ab? Professor Staben macht folgende Überschlagsrechnung auf: Nehmen wir an, eine durchschnittliche Birne brennt etwa tausend Stunden lang und hält bis zu fünftausend Schaltzyklen aus. Dann verkürzt jeder Einschaltvorgang die

Brenndauer um etwa zwölf Minuten. Dieser Verschleißeffekt wird aber schon durch zwölf Minuten Dunkelheit aufgehoben.

Im Übrigen gilt natürlich für den umweltbewussten Zeitgenossen: Die Energiesparlampen sind in jeder Hinsicht am günstigsten – sie verbrauchen weniger und halten länger als gewöhnliche Glühbirnen.

Man soll Pilze und Spinat nicht aufwärmen, weil sie dadurch giftig werden

Stimmt nicht. Beginnen wir mit den Pilzen: Es gibt giftige und ungiftige, doch dafür, dass erst beim zweiten Erwärmen Giftstoffe entstehen, liegen keine Anhaltspunkte vor. Wenn dem so wäre, dürfte man keine Tiefkühlpizza mit Pilzen essen: Die sind vorher auch schon einmal gegart worden.

Den Hintergrund von Großmutters Pilzregel erläutert der «Lebensmittelführer» von Günther Vollmer: «Da Pilze sehr leicht verderblich sind, bestanden früher Bedenken, Reste von Pilzgerichten wieder aufzuwärmen. Bei Nutzung der heutigen Kühlmöglichkeiten im Haushalt stellt dies jedoch kein Problem mehr dar.»

Ein anderes Problem ergibt sich beim Spinat. Dort besteht tatsächlich die Möglichkeit, dass sich durch mehrmaliges Erwärmen oder langes Warmhalten Nitrat in Nitrit verwandelt und schließlich das Nitrit in giftige Nitrosamine, die vor allem für Kinder gefährlich werden können. Als ich in meiner *ZEIT*-Kolumne das Aufwärmen von Spinat für unbedenklich erklärte, griffen einige Leserinnen und Leser empört zur Feder. Immerhin warnen sogar die Hersteller von Tiefkühlspinat auf den Packungen vorsorglich vor dem Aufwärmen. Deshalb habe ich noch einmal wissenschaftlichen Rat eingeholt. Olaf Grüß, Lebensmitteltechnologe an der Universität Bonn, schrieb mir dazu:

«Es ist zwar richtig, dass sich durch erneutes Erwärmen von Spinat das enthaltene Nitrat zu Nitrit und weiter zu krebserregenden Nitrosaminen umwandelt, jedoch ist die Angst nur sehr bedingt gerechtfertigt. Sie rührt wahrscheinlich aus der guten alten Zeit, wo sonntags ein großer Topf mit Spinat gekocht wurde, der dann die gesamte Woche über vornehmlich von Kindern verzehrt wurde. Hierfür wurde der Spinat natürlich immer wieder aufgewärmt oder auch in einem durch warm gehalten, denn schließlich hat man ja mit dem Herd auch geheizt. Das Phänomen der Blausucht trat dann teilweise bei Kindern auf, woraus bis heute geschlossen wird, dass sich Spinat beim zweiten Aufwärmprozess ‹automatisch in Gift umwandelt›.

Das Problem der Nitrosamine ist sicherlich ein ernstes, aber doch bitte da, wo es wirklich offenbar ist, und nicht bei Gemüse. Eine gegrillte Wurst, Pökelwaren und Brot mit sehr dunkler Kruste sind Lebensmittel, bei denen das Problem eher offenkundig wird.»

Vom Grund eines tiefen Brunnens aus kann man auch tagsüber die Sterne sehen

Stimmt nicht. Wieder eines der Beispiele von «Wahrheiten», die über Jahrhunderte tradiert werden, ohne dass sich jemand die Mühe macht, sie einmal zu überprüfen. Ein Meister dieser Legendentradition war Aristoteles, der unter anderem behauptete, Männer hätten mehr Zähne als Frauen. Und auch die Geschichte, dass man vom Boden eines Brunnens oder eines Schornsteins bei Tag die Sterne sehen könne, taucht bei ihm schon auf.

Der britische Physiker David W. Hughes hat 1983 im *Quarterly Journal of the Royal Academic Society* das Ergebnis einer peniblen Untersuchung veröffentlicht. Sein Ergebnis: «Durch einen Kamin zu schauen ist das Letzte, was man tun sollte, wenn man Sterne sehen will.» Außer den Planeten Venus, Mars und Jupiter hat nur der Stern Sirius eine Chance, bei Tag gesichtet zu werden. Die anderen Sterne überstrahlt das Sonnenlicht.

Die Tiefe eines Brunnens oder Kamins ist für die Frage, was man am Himmel sehen kann, auch nicht weiter wichtig. Relevant ist lediglich das Verhältnis von Länge und Durchmesser der Röhre – dadurch wird bestimmt, wie groß der Ausschnitt des Himmels ist, den man beobachten kann. Es ist also vollkommen egal, ob man in einem tiefen Brunnen sitzt oder ob man ein kurzes Papprohr mit denselben Proportionen benutzt.

Woher kommt also die Vorstellung, tiefe Brunnen könnten die Sternensicht verbessern? Irgendwie haben alle Verfechter der Theorie wohl angenommen, man könne das Sonnenlicht in irgendeiner Form «ausblenden». Die Helligkeit des Tageshimmels rührt aber daher, dass das Sonnenlicht in unserer Atmosphäre gestreut wird – auf dem Mond, der keine Lufthülle besitzt, ist der Himmel auch bei Tag schwarz. Diese «Verschmierung» des Sonnenlichts lässt sich nicht nachträglich wieder rückgängig machen.

Und allein die Helligkeit des Hintergrunds, der Kontrast zwischen Himmel und Sternenlicht, ist ausschlaggebend dafür, ob wir Sterne sehen können oder nicht.

Einer der wenigen Wissenschaftler, die sich die Mühe gemacht haben, die Brunnentheorie zu überprüfen, war übrigens Alexander von Humboldt, der im 19. Jahrhundert durch viele Minenschächte geschaut und nie bei Tag die Sterne gesehen hat – und er hat auch weder in Mexiko noch in Peru oder Sibirien Minenarbeiter getroffen, die ihm das Phänomen bestätigen konnten. Genauso wenig wie die Schornsteinfeger, die der Naturforscher befragt hat.

Übrigens ist es selbst bei Nacht schwer, Sterne durch eine Röhre – einen Kamin oder auch eine Papprolle – zu erspähen: Ist das Rohr zehnmal so lang wie sein Durchmesser, sieht man zumindest in der Stadt in zwei von drei Fällen überhaupt nichts, weil der entsprechende Ausschnitt des Himmels zu klein ist.

Wenigstens im Fall von Schornsteinen hat Hughes eine Erklärung dafür anzubieten, was man bei Tag sehen könnte: In Kaminen herrschten immer kräftige Aufwinde, sodass Staub und andere Teilchen aufgewirbelt würden, die bei entsprechender Beleuchtung durch die Sonne tatsächlich beeindruckend funkeln könnten.

Schwalben fliegen bei schlechtem Wetter tief

Stimmt. Der Meteorologe Horst Malberg von der Freien Universität Berlin hat in seinem Buch «Bauernregeln» den wissenschaftlichen Gehalt vieler volkstümlicher Wettersprüche untersucht. Einer davon lautet: «Siehst du die Schwalben niedrig fliegen, wirst du Regenwetter kriegen. Fliegen die Schwalben in den Höh'n, kommt ein Wetter, das ist schön.» Er erklärt die Flughöhe der Schwalben mit der Flughöhe des Schwalbenfutters, also der Insekten.

Aber warum fliegen die Insekten bei sonnigem Hochdruckwetter höher als bei schlechtem? Die plausibelste Erklärung: Bei Sonnenschein entstehen aufsteigende Luftblasen am Boden, vergleichbar mit den Dampfblasen in kochendem Wasser. Und diese Strömung reißt die Insekten mit sich. Bei schlechtem Wetter gibt es diese Aufwinde nicht.

Der *ZEIT*-Leser Dieter Engel aus Suderburg hat noch eine andere Erklärung geliefert: «Regenwetter kündigt sich durch Zunahme von Feuchtigkeit in der Höhe an. Den Insekten werden die feinen Härchen feucht, ihre Flugfähigkeit ist beeinträchtigt – sie fliegen tiefer.»

Eine schöne Ergänzung zu dieser Erklärung liefert Wohlert Wohlers von der Biologischen Bundesanstalt: In den Monaten vor dem Zug nach Süden müssen die Schwalbenkinder fliegen lernen. Und diese Übungsflüge absolvieren sie am besten, wenn das Wetter schön ist. Die Vogeleltern führen diese Flugstunden am liebsten in größerer Höhe durch – damit sich die Kleinen bei Flugfehlern noch rechtzeitig abfangen können.

Durch regelmäßiges Schneiden oder Rasieren wachsen die Haare stärker und schneller

Stimmt nicht. Zwar hoffen Jünglinge in der Pubertät, dass durch regelmäßige Rasur ihre Barthaare schneller wachsen und der Bart dichter wird. Diese Ansicht ist aber eine Legende, schreibt Professor Eberhard Heymann von der Universität Osnabrück in seinem Lehrbuch «Haut, Haar und Kosmetik». «Sie beruht auf der Beobachtung, dass bei jungen Männern der Bart zunächst als Flaum sprießt und in der Zeit, in der man sich üblicherweise zu rasieren beginnt, in sehr dicke Haare übergeht.» Das Barthaar wird also von selbst dicker, es scheint nur, dass die Rasur einen Einfluss darauf hat.

Jedes einzelne Haar am Körper durchlebt einen Zyklus: Zunächst sprießt es schnell, aber allmählich kommt das Wachstum zum Stillstand. Nach einer Ruhephase fällt das Haar aus, und ein neues wächst nach. Von den hunderttausend Haaren auf unserem Kopf befinden sich immer 85 bis 90 Prozent in der Wachstumsphase.

Dieser Zyklus ist der Grund, warum wir uns zum Beispiel nicht die Wimpern schneiden müssen: Ihr Zyklus beträgt nur hundert bis hundertfünfzig Tage, bei den Kopfhaaren kann er bis zu fünf Jahren dauern, in denen das Haar bis zu sechzig Zentimeter lang wird.

Das alles gilt unter der Annahme, dass das Haar nicht geschnitten wird. Weil das Haar aus toten Zellen besteht, «weiß» die Haarwurzel nicht, ob draußen ein langes Haar hängt oder nur ein paar Millimeter – sie durchlebt einfach ihren Zyklus, egal ob das Haar zwischendurch geschnitten wird.

Dass die Stoppeln etwa am Damenbein nach der Rasur kräftiger wirken, hat zwei Gründe: Erstens rein mechanische – ein kurzes Haar ist steifer als ein langes. Zudem wird das Haar beim Rasieren immer an seiner dicksten Stelle abgeschnitten, die dann in vollem Umfang herauswächst – anders als die ungeschnittenen Flaumhaare, die zum Ende hin spitz verlaufen. Wer deshalb die Rasur bereut, braucht nur ein paar Monate zu warten: Dann hat der Körper alle einst rasierten Haare durch neue ersetzt – die Regel «Wer einmal die Beine rasiert, muss sie immer rasieren» stimmt also auch nicht.

Beim Obst sitzen die Vitamine vor allem unter der Schale

Stimmt. Das Schälen von Äpfeln oder Birnen führt tatsächlich dazu, dass man wertvolle Vitamine wegwirft.

Dies ist das Resultat einer Studie von Antal Bognar, Professor bei der Bundesforschungsanstalt für Ernährung. 1997 hat er sich der Frage angenommen, indem er diverse Sorten von Äpfeln, Birnen und Kartoffeln schälte und dann den Gehalt an Vitaminen und Nährstoffen in der Schale und im Fruchtfleisch separat bestimmte. Sein Ergebnis: «Die Analyse hat gezeigt, dass Äpfel- und Birnenschalen durchweg einen signifikant höheren Gehalt an allen untersuchten Nährstoffen, vor allem Vitamin C, aufweisen als das Fruchtfleisch.»

Beispiel: Beim Apfel «Jonagold» enthält das Fruchtfleisch 2,9 Milligramm Vitamin C pro hundert Gramm, die Schale dagegen 20,5 Milligramm – das ist die siebenfache Menge. Birne «Concorde»: Fruchtfleisch 2,5 Milligramm, Schale 11,1 Milligramm. Auch an Mineralien und Eiweißen sind die Schalen von Äpfeln und Birnen reicher. Man sollte also die Kinder Schalen essen lassen – natürlich nachdem das Obst gründlich gewaschen wurde.

Kartoffelschalen sollte dagegen nur essen, wem's schmeckt oder wer zu faul zum Schälen ist: Der Vitamingehalt der Kartoffel nimmt zur Schale hin eher ab.

Wenn man Kirschen isst und dann Wasser trinkt, kriegt man Bauchschmerzen

Stimmt nicht. Bei der Beantwortung dieser Frage hilft uns noch einmal Antal Bognar von der Bundesforschungsanstalt für Ernährung in Karlsruhe, der schon die richtungweisende Studie über Vitamine in Obstschalen durchgeführt hat. Zwar gibt es diesmal keine eigens angestellte Untersuchung über Kirschenessen und Wassertrinken. Herr Bognar kann aber «nach eigener Erfahrung» Folgendes sagen:

Bauchschmerzen nach Kirschengenuss entstehen durch Gärprozesse im Magen. Damit es gärt, müssen Keime vorhanden sein. Diese sitzen zuhauf auf der Schale der Kirschen, sie werden aber meist von der Magensäure abgetötet. Bei größeren Mengen von Kirschen (mehr als ein Pfund) kann es sein, dass der Magen überfordert ist und der Gärprozess in Gang kommt – mit den erwähnten Folgen.

Die Legende mit dem Wassertrinken ist wahrscheinlich darauf zurückzuführen, dass in früheren Zeiten das Trinkwasser von mangelhafter Qualität war und viele Keime enthielt – unter anderem auch die Hefepilze, die für die unangenehme Gärung im Bauch sorgen.

Ein ebenso deutliches «Stimmt nicht» gibt es auf die Frage, ob Wassertrinken nach dem Genuss von Speiseeis zu Bauchschmerzen führt. Hier ist die Antwort sogar noch eindeutiger: Eis enthält nichts, was gären kann, und (in den meisten Fällen) auch keine Keime.

Register

MIX
Papier aus verantwortungsvollen Quellen
FSC® C083411

Das für dieses Buch verwendete FSC®-zertifizierte Papier *Classic* liefert Stora Enso, Finnland.